甘肃重点流域水生态安全评价

戴文渊　郑志祥　著

中国水利水电出版社
www.waterpub.com.cn
·北京·

内 容 提 要

本书紧密围绕中共中央、国务院印发的《生态文明体制改革总体方案》和《中华人民共和国黄河保护法》中关于保障水生态安全相关内容，紧盯环境损害鉴定现实需要，结合甘肃重点流域水生态安全相关研究成果著作而成。全书共分为8章，内容包括水生态安全评价研究概况、流域水生态安全评价基础理论及技术方法、河西内陆河流域水生态安全评价研究、北方四城市水生态安全评价研究、甘肃省17流段水生态安全评价、基于模糊综合评价的兰州市水生态安全指标体系研究、白银市水生态安全评价研究、流域水生态安全评价研究展望。

本书可作为本科院校资源环境科学、资源与环境保护法学类专业相关课程的辅助教材，同时也可作为资源环境科学、资源与环境保护法学行业专业技术人员的参考书目。

图书在版编目（ＣＩＰ）数据

甘肃重点流域水生态安全评价 / 戴文渊，郑志祥著
. -- 北京 ： 中国水利水电出版社，2023.12
ISBN 978-7-5226-2128-9

Ⅰ．①甘… Ⅱ．①戴… ②郑… Ⅲ．①流域—水资源管理—安全评价—研究—甘肃 Ⅳ．①TV213.4

中国国家版本馆CIP数据核字(2024)第019612号

书　　名	**甘肃重点流域水生态安全评价** GANSU ZHONGDIAN LIUYU SHUISHENGTAI ANQUAN PINGJIA
作　　者	戴文渊　郑志祥　著
出版发行	中国水利水电出版社 （北京市海淀区玉渊潭南路1号D座　100038） 网址：www.waterpub.com.cn E-mail：sales@mwr.gov.cn 电话：(010) 68545888（营销中心）
经　　售	北京科水图书销售有限公司 电话：(010) 68545874、63202643 全国各地新华书店和相关出版物销售网点
排　　版	中国水利水电出版社微机排版中心
印　　刷	天津嘉恒印务有限公司
规　　格	184mm×260mm　16开本　8.25印张　201千字
版　　次	2023年12月第1版　2023年12月第1次印刷
印　　数	0001—1200册
定　　价	**65.00元**

前　言

甘肃是黄河流域重要的水源涵养区和补给区，担负着黄河上游生态修复、水土保持和污染防治的重任。由于各种原因，目前我国很多地方在流域水生态安全评价方面仍停留在"就水言水"的传统水污染控制层面，为了贯彻习近平生态文明思想以及习近平总书记关于黄河流域生态保护和高质量发展的重要论述精神，因地制宜、分类施策，上下游、干支流、左右岸统筹谋划，共同抓好大保护，协同推进大治理，着力加强生态保护治理、保障黄河长治久安、促进全流域高质量发展、改善人民群众生活、保护传承弘扬黄河文化，让黄河成为造福人民的幸福河。在深入理解流域治理内涵的基础上，推进传统的污染控制向系统综合治理理念转变。当前我国在流域水生态安全评价方面工作起步晚，相关研究还相对滞后，综合考虑甘肃流域管理方面的实际，初步提出适合区域实际的流域水生态安全评价指标体系，阐述相关主要技术方法。以甘肃地区的重点流域为例，详细介绍各重点流域或区域的水生态安全评价技术方法和评价结果，为全国其他流域水生态安全评价相关工作提供参考和借鉴。

本书在甘肃省青年博士基金项目"黄河流域甘肃干流段水生态安全的时空分异及驱动机制研究"（2022QB-120）、甘肃省自然科学基金项目"黄河干流兰-白段水生态风险评价体系建设及实证研究"（22JR5RA599）、甘肃省哲学社会科学规划项目"基于区域水生态安全的'兰白定临'协同发展研究"（2022YB088）、甘肃政法大学科研创新重点项目"基于水生态文明视角的黄河流域甘肃段河长制实施效果评价体系建设"等科研项目的资助支持下，依托甘肃省高等学校产业支撑计划项目"黄河甘肃段环境激素类有机物及重金属"（2020C-31）、甘肃省重点人才项目"黄河流域甘肃段典型脆弱区生态环境保护与水安全保障关键技术研究与示范"（2022RCXM085）等科研项目，聚焦甘肃地区重点流域，采用不同的技术方法对流域水生态安全状况进行评估，揭示影响流域水生态安全的主要影响因子，提出相应对策。本书可供研究流域水生态安全评估的学者和资源环境科学、资源与环境保护法学等相关专业的学校师生借鉴参考。

本书由甘肃政法大学环境法学院戴文渊副教授执笔，在甘肃省证据科学技术研究与应用重点实验室郑志祥教授的参与下完成。本书在编著过程中得到了甘肃政法大学环境法学院张瑞萍教授，甘肃农业大学张芮教授、高彦婷副教授、卢小霞硕士研究生的帮助和支持。本书的出版得到了中国水利水电出版社的大力支持。

由于作者水平有限，时间仓促，书中难免会存在不足之处，敬请广大研究黄河流域生态保护和高质量发展的同仁和读者予以批评指正。

作者

2023 年 12 月

目 录

第 1 章

水生态安全评价研究概况

1.1 流域水生态安全评价的重要意义

目前，全球普遍面临水灾害频发、水资源短缺、水生态损害、水环境污染等水安全问题，迫切需要各国和地区以水为纽带，携手合作。自古以来，我国基本水情是夏汛冬枯、北缺南丰，水资源分布极不均衡。随着我国经济社会不断发展，对水资源的开发利用程度越来越高，围绕水安全的老问题尚未完全解决，新问题又开始出现。国家治水管水思路已经发生深刻变化，但当前流域水生态安全评价体系不够完善。现有关于水安全、水风险、水系统健康等方面的评价体系均无法有效、全面衡量水生态环境总体状况。尤其是 2021 年，中共中央、国务院印发《黄河流域生态保护和高质量发展规划纲要》。2023 年 4 月 1 日《中华人民共和国黄河保护法》颁布实施，在国家高度重视流域综合治理和高质量发展的大背景下，流域综合治理、区域"五位一体"总体布局建设和环境损害评估等现实需要，迫切要求不断提升流域水生态安全评价能力，破解以往"就水言水"的发展困境，推动区域综合治理进入新的发展阶段。现有关于水生态安全评价方面研究中，已经建立了水生态安全初步评价体系及标准，并进行了实证研究，其指标在体现流域完整性、评估数据收集的便利性等方面有一定优势，但很少考虑到水生态安全的人文、经济社会因素，评价指标体系需要进一步优化完善。开展流域水生态安全评价，有利于促进实现本质安全化生产、实现全过程安全控制、建立系统安全最优方案、实现安全技术和管理标准化科学化、为决策者提供管理依据。因此，构建流域水生态安全评估框架，完善水生态安全评价指标体系，摸清流域水生态安全状况底数，预防水生态风险，为推动"山水林田湖草沙"一体化综合治理具有重要现实指导意义。

1.1.1 流域风险防控对水生态安全评价的客观需要

1. 水生态安全问题突出

地球上的水虽然量很大，但能够直接用于生产生活的比例却极小，水资源呈现出短缺且分布极不平衡的状况[1]。与此同时，人类活动对水资源及生态环境产生了极大的负面影响，部分地区甚至出现了系统性水危机[2]。

印度城市班加罗尔有"亚洲硅谷"美称，这里曾降水丰沛，地表水资源丰富，但由于城市没有远景规划、城市无序发展、政府无序无效管理等催生了"水黑帮"，水污染问题严峻和私人水公司随意加价等人为造成的水问题日益成为印度一些大城市的通病[3]。南非持续爆发旱灾，尤其 2018 年，西开普敦省面临着"零日"（关闭水龙头）的到来。该地区向东部群山小规模钻取地下水，生态学家发出严重警告，联合国科教文组织（UNSCO）列为世界遗产保护地——开普植物王国的独特生物多样性将受到严重威胁，会影响当地旅游业发展，水问题将这座城市逼到了进退两难的境地[4]。原本是世界第 4 大湖的咸海因人类过度利用而迅速萎缩。阿姆河和锡尔河的河水大量用于工农业生产，补给咸海水量锐减，同时因 20 世纪 70 年代以来的持续干旱，咸海盐浓度增加，湖面水位下降、面积急剧减小、多种鱼类灭绝、大量树木及灌木被毁、数百种动物也逐渐消失。因此，有人将咸海称为"中亚之泪"[5]。

我国的水生态环境治理取得了显著成效，但水生态环境保护面临的结构性、根源性、趋势性压力尚未根本缓解，与"美丽中国"建设目标要求仍有不小差距。七大流域水生态环境面临的主要问题存在差异性，主要表现在：地表水环境质量改善存在不平衡性和不协调性、水资源不均衡且高耗水发展方式尚未根本转变、水生态环境遭破坏现象较为普遍、水生态环境安全风险依然存在、治理体系和治理能力现代化水平与发展需求不匹配。

水资源状况直接关系着我国的全方位建设和长远发展，但长期发展中重经济、轻生态，产生了诸多经济社会及生态环境问题。要破解当前困局，实现人水和谐，促进生态环境协调发展，平衡各方利益的水生态安全战略是必然选择[6]。在此背景下，国家关于长江流域和黄河流域综合治理与高质量发展和水利部《关于加快推进水生态文明建设工作的意见》将流域水生态安全提升到了国家战略高度[7]。

2. 甘肃省部分重点流域呈现系统性水危机

抓实抓好黄河流域生态保护，甘肃省责任特殊而重大。为了顺应国家战略大势，破解突出的瓶颈制约，推动黄河流域生态保护，让黄河成为造福人民的幸福河，甘肃省结合省情开展黄河甘肃段的"全面体检"，进行黄河流域甘肃段污染防治调查评估和黄河流域甘肃段的 9 市州污染情况摸排检查，并制定"一总四分"规划。在重金属、有机污染等远未得到安全控制的形势下，激素、抗菌素、有毒有机化学品及"三致"污染和生态结构与功能的持续损害，成为影响黄河流域水安全新的和更大的威胁。因此，黄河甘肃段环境激素类有机污染物和重金属污染物的源解析、污染预警、风险评价和防控等问题已经成为黄河水污染治理的关键性基础问题。在现有防控方式的基础上，结合风险防控相关的技术方法进行黄河流域甘肃段环境激素类有机物和重金属污染物的源解析、建立黄河甘肃段水污染风险评价和防控的高效预警和风险应对体系迫在眉睫。

甘肃省部分流域，尤其是河西内陆河流域，深居大陆腹地，自然条件状况与其他外流河流域有较明显区别，形成了特殊的以水资源为主线的内陆河水文循环过程，水生态安全状况整体较差。河西内陆河流域的水问题尤为典型，水资源短缺导致生态环境脆弱和水资源的过度开发利用[8]。河西走廊以前水草丰美，物产丰富，是通往西域的咽喉，"丝绸之路"的重要组成部分，被称为"西北粮仓"。现在林木和降雨量减少，草原退化，雪线上移。"民勤治沙""祁连山冰川保护""黑河、石羊河沙化盐碱化治理"等生态工程仍未能有效遏制这一区域生态环境恶化的势头。在河西走廊的东部和西部，沙漠化威胁严重，有研究指出，按当前形势发展，祁连山冰川将在 200 年内消失，石羊河、黑河、疏勒河流域均存在着严重的生态退化[9-11]。

水问题引发的经济社会问题逐步凸显，引起了人们的普遍关注，对于水生态安全问题，如果我们仅仅"就水言水"关注水问题本身，不去综合考虑经济社会等因素的影响是不全面的，也是不符合实际的。以往的相关研究着重于水生态安全的现状分析与评价[12-24]，注重解决眼前的实际问题；实践中，我们更关注水生态安全的发展变化趋势及导致其发展变化的深层次原因[25-34]。流域水资源的开发利用为人类带来经济利益和社会效益的同时，也带来了严重的生态环境问题，并导致水问题朝着系统性水危机方向发展，严重制约了水资源的可持续利用，危及经济社会健康发展[35-45]。水生态安全问题带来的强烈紧迫感已然袭来，这个亟须解决的问题摆在我们面前，下一步，我们该怎么办？

1.1.2　流域综合治理对水生态安全评价的客观需要

流域的环境治理已成为生态文明建设的战略问题。习近平总书记在 2019 年专门主持召开的黄河流域生态保护和高质量发展座谈会上，明确指出了黄河流域在我国经济社会发展和生态安全方面的重要地位，深刻阐明了黄河流域生态保护和高质量发展的重大意义，并做出了加强黄河治理保护、推动黄河流域高质量发展的重大部署。2020 年 1 月 3 日，习近平在主持召开的中央财经委员会第六次会议上发表重要讲话再次强调，黄河流域必须下大气力进行大保护、大治理，走生态保护和高质量发展的路子。会议强调，黄河流域生态保护和高质量发展要高度重视解决突出重大问题，要实施水污染综合治理、大气污染综合治理、土壤污染治理等工程，加大黄河流域污染治理。

开展流域水生态安全状况评价，不仅有助于提高流域水生态建设和流域管理水平，为流域综合治理提供技术指导，还可以更加有针对性得进行流域生态保护和综合治理工作[46]。随着经济社会的急速发展和人口数量快速扩张，流域整体状况已经发生了巨大改变：河水受到了各类污染物的严重污染，湿地滩涂的生态系统调节作用逐渐削弱，经济社会因素对流域自然生态系统（资源子系统、环境子系统、生态子系统）产生了极大影响。因此，在流域治理过程中，应该将区域经济社会发展、城市建设、资源集约节约、生态环境保护等与流域建设相融合，构建符合新时代发展要求的流域综合治理体系，通过对流域现状的客观描述和评估，为流域管理决策者确定流域管理活动，推动流域可持续发展、资源合理开发利用、区域生态修复，实现流域综合治理和高质量发展具有重要意义。

1.1.3　生态环境损害评估对水生态安全评价的客观需要

处于快速工业化和城镇化的中国，生态环境损害妨碍了人民群众对美好环境质量的追求。生态环境损害评估作为一种生态环境保护的技术手段，受到社会各界的重视[47-49]。然而，当前常用的环境损害评估技术手段依然存在一些问题。因此，在对生态环境损害评估及相关概念理解的基础上，需系统研究生态环境损害评估理论。基于研究可知，生态环境损害评估是社会经济发展和环保护意识提升的必然产物，生态环境损害属于"环境损害"的下位概念。生态环境损害评估包含了生态损害评估、环境损害的内容，关注人类社会的利益和不被重视无人认领的纯环境、纯生态损害部分。生态环境损害评估为环境损害赔偿制度的构建确定目标、指明方向。当前生态环境损害评估在水资源领域主要体现在水生态环境的风险评估方面，主要有以下几方面的研究内容。

1. 水生态环境污染物（以下简称水污染物）的源解析

源解析（Source Apportionment，SA）是研究污染源及其对周围环境污染影响和作用的一种技术方法，是污染防治的基础。源解析方法的研究起源于大气污染物的解析研究，且已经发展成熟，水环境中污染物源解析的研究相对处于起步阶段。通过清单分析法观测和模拟水污染物的源排放量、排放特征及排放地理分布等，建立详细的污染源排放清单，包括点源、面源列表；通过受体模型对受体样本的化学和形貌分析，确定各污染源贡献率；对受体有贡献的污染源进行识别，对分担率进行定量分析。

2. 重点流域或地区的水污染物的风险评价

已有关于水污染风险防控研究，大多是从静态角度出发的，然而水污染风险并不是处于一个静止不变的状态。一成不变的防控措施对水污染风险防控的指导意义较低，不具有针对性和时效性，起不到真正的降低风险的作用。因此，需要从风险动态变化的角度考虑，对风险源进行识别分析，以风险评价结果为依据，针对不同类型不同级别的风险给出能够对实际操作有指导意义的手段和措施，提高风险处置的有效性。风险评价始于由 Samuel Karelitz[18] 发表的一篇麻疹暴露流行病学的报道。1995 年，英国环境部提出了环境生态风险评价和管理的过程框架。此后美国正式颁布了《生态风险评价指南》，修订并扩展了之前的生态风险评价相关内容。我国关于风险评价和风险管理研究始于原国家环保局于 1989 年设立的有毒化学品管理办公室对危险化学品进行的风险评估和管理。随后学者开展了污染物综合风险评价、生态风险评价和化学物质风险评价等方法学研究。20 世纪 90 年代，我国对环境评价主要有关于辽河三角洲及洞庭湖湿地的区域生态风险评价，关于黄河流域的水污染物的风险评价研究少见文献报道。污染物对环境的风险评价需要通过一定的生态毒理学数据来进行。健康风险评价（Health Risk Assessment，HRA）是 20 世纪 80 年代后兴起的狭义环境风险评价的重点，它是以风险度作为评价指标，把环境污染与人体健康联系起来，定量描述污染物对人体产生健康危害的风险。健康风险评价系统一般包括危害识别、暴露评价、剂量-效应关系、风险表征和风险管理 5 个部分。已有研究通过系统总结国内外关于水污染风险评价、识别、防控和对流域水污染物的污染源和生态环境因素调查的基础上，根据水污染风险特征，分析水污染致险因素（水污染物源解析）、识别风险因子及生态风险受体，借鉴相关毒理学实验结果，采用美国环境保护署（USEPA）颁布的暴露计算方法结合文献方法，在传统风险源识别的基础上引入压力—状态—响应（PSR）模型，通过对危险鉴别、剂量效应评价、暴露评价和风险表征，实现对流域存在的水污染物的污染风险进行识别，提出用于流域水污染物的重大污染事故风险源评价和风险级别的识别的技术指标体系，确定各指标的计算模型及标准，并对研究水域的水污染物的污染风险进行初步评价。根据语境模型计算出水域中水污染物的浓度及指示物种暴露于风险因子的方式、强度、频率及时间，判断风险等级并进行风险结构表达与解释。根据确定的生态风险评价的代表受体及风险因子的毒性效应，建立一套适用于流域水域的生态风险评价方法。

3. 黄河甘肃段水污染物的污染预警指标体系构建

水污染预警是在对各种影响水环境质量的因素进行定性及定量分析的基础上，预测评价水域水污染物的污染的动态变化趋势与速度，确定出不同级别的预警信息，为制定保护管理水资源的相关政策措施提供科学依据。水质状态预警与水质趋势预警是目前最为普遍的两大污染预警思路。无论采用何种方法进行流域水污染物的污染预警，合理选取预警指标因子并构建指标体系都是至关重要的环节。流域水污染物的污染预警需建立在污染状况和污染风险评价的基础之上。因此，研究水域的水污染物的污染预警指标体系应该由一系列相互关联、相互影响的能完整准确地反映该段水域水污染物的污染状况与污染风险的评价指标有机结合所构成的统一体。完善的预警指标体系需体现出该段水域水系统运行的各个特征、各个层次，反映出该段水环境的发展状态和动态变化。在大量文献调研的基础上，通过定义分析法即通过对流域水体某一方面属性或特征的概念及内涵进行深入剖析，从相关重要定义入手分析水环境质量的影响因素，构建与水污染物的污染预警密切相关的指标体系，以体现出预警指标体系的显著特征，为黄河甘肃段水污染物的污染预警提供参考依据。

流域水生态安全评价是基于流域水问题，建立一个科学有效的水资源领域安全评价体系。因此，流域水生态安全评价是生态环境损害评估的重要组成部分，一方面可以客观了解流域水生态安全整体状况；另一方面可以开展流域环境损害评估，为环境损害领域中流域水污染问题评估鉴定提供技术参考。

1.1.4　流域水生态文明对水生态安全评价的客观需要

水生态文明是指人类遵循人水和谐理念，以实现水资源可持续利用，支撑经济社会和谐发展，保障生态系统良性循环为主体的人水和谐文化伦理形态，是生态文明的重要部分和基础内容[50-52]。水利部提出把生态文明理念融入到水资源开发、利用、治理、配置、节约、保护的各方面和水利规划、建设、管理的各环节，加快推进水生态文明建设。党的十八大报告提出"尊重自然、顺应自然、保护自然的生态文明理念"，全新诠释了生态文明的内涵，倡导尊重自然、顺应自然、保护自然、合理利用自然。同样，水生态文明理念提倡的文明是人与自然和谐相处的文明，坚持以人为本、全面、协调、可持续的科学发展观，解决由于人口增加和经济社会高速发展出现的洪涝灾害、干旱缺水、水土流失和水污染等水问题，使人和水的关系达到一个和谐的状态，使宝贵有限的水资源为经济社会可持续发展提供久远的支撑。仅仅把水生态文明理解为"保护水生态"是不全面的，我们倡导的水生态文明的核心是"和谐"，包括人与自然、人与人、人与社会等方方面面的和谐。

水生态安全是从与水有关的经济、社会、资源、环境、生态综合视角，将水资源上升到国家安全高度，从生态文明视角构建更加系统协调的水生态综合治理系统。实现水生态安全是水生态文明建设的目标所在，良好的生态环境是人类社会经济持续发展的根本基础。目前国家通过实施重大生态修复工程，增强生态产品生产能力；加快水利建设，增强城乡防洪抗旱排涝能力；坚持共同但有区别的责任原则、公平原则、各自能力原则，同国际社会一道积极应对全球气候变化等具体工作来提升区域水生态安全建设能力。建设生态文明的直接目标是保护好人类赖以生存的生态与环境，实现水生态安全。因此，开展流域水生态安全评价，提高流域水生态安全水平，是流域水生态文明建设的目标所在，也是流域水生态文明建设的客观需要。

1.2　流域水生态安全评价的研究历程

1.2.1　国家政策层面水生态安全评价的主要历程

水生态安全是指人们在获得安全用水的设施和经济效益的过程中所获得的水既满足生活和生产的需要，又使自然环境得到妥善保护的一种社会状态，是水生态资源、水生态环境和水生态灾害的综合效应，兼有自然、社会、经济和人文的属性。水生态安全包括三个方面：一是水生态安全的自然属性，即产生水生态安全问题的直接因子，是自然界的水质、水量和时空分布等特征；二是水生态安全的社会经济属性，即水生态安全问题的承受体，是人类及其活动所在的社会与各种资源的集合；三是水生态安全的人文属性，即安全载体对安全因子的感受，是人群在安全因子作用到安全载体时的安全感。

近年来，水生态安全相关制度不断完善[53]。我国在生态文明建设、水污染防治等方面出台了一系列相关规划、文件及规章制度，为生态文明建设以及水污染防治等方面提供了一系列制度保障。2016 年中共中央办公厅、国务院办公厅印发了《生态文明建设目标评价考核办法》，随后，国家发展改革委、国家统计局、环保部、中央组织部联合印发了《生态文明建设考核目标体系》和《绿色发展指标体系》，作为生态文明建设评价考核的依据。2017 年 3 月，财政部、环保部联合印发《水污染防治专项资金绩效评价办法》，以强化水污染防治专项资金管理，提高资金使用的规范性、安全性和有效性。环保部、国家发展改革委、水利部联合印发了《重点流域水污染防治规划（2016—2020 年）》，规划坚持山水林田湖草整体保护和水资源、水生态和水环境"三水统筹"的系统思维，以控制单元为基础明确流域分区、分级、分类管理的差异化要求，为各地水污染防治工作提供指南。第十二届全国人民代表大会常务委员会第二十八次会议表决通过了《关于修改水污染防治法的决定》，共做出 55 处重大修改，更加明确了各级政府的水环境质量责任，实施总量控制制度和排污许可制度，加大农业面源污染防治以及对违法行为的惩治力度。环保部发布了《关于做好国家地表水环境质量监测事权上收工作的通知》，对我国地表水环境质量监测事权上收的基本情况进行了详细规定，其对实现监测数据实时共享和信息公开，对地表水监测提供重要支撑。在总结国内实践经验的基础上，借鉴世界各国在探索可持续发展的过程中取得的经验，《中华人民共和国长江保护法》在 2020 年 12 月 26 日第十三届全国人民代表大会常务委员会第二十四次会议通过，自 2021 年 3 月 1 日起施行。《中华人民共和国黄河保护法》在 2022 年 10 月 30 日第十三届全国人民代表大会常务委员会第三十七次会议通过，自 2023 年 4 月 1 日起施行。《中华人民共和国长江保护法》和《中华人民共和国黄河保护法》的颁布实施，有利于从源头防止我国重点流域的污染和生态破坏。

在流域政策方面，关于河湖长制、生态环境损害鉴定、流域生态补偿等方面取得了较好进展。2016 年 12 月，中共中央办公厅、国务院办公厅印发了《关于全面推行河长制的意见》，正式提出在全国范围内实施河长制。2017 年 11 月 20 日，十九届中央全面深化改革领导小组第一次会议通过了《关于在湖泊实施湖长制的指导意见》，坚持"一湖一策"，全面建立省、市、县、乡四级湖长制，明确要求在 2018 年年底前在全国湖泊全面建立湖长制，湖长制的推行将使河长制得到更好的衔接。2017 年全面推行河长制取得重大进展，省、市、县、乡四级工作方案全部出台，6 项配套制度基本建立，设立乡级及以上河长 31 万名、村级河长 62 万名。《中华人民共和国环境保护税法》2018 年 1 月 1 日起在全国范围内实施，该法是我国第一部专门促进生态文明建设、体现"绿色税制"的法律。中共中央办公厅、国务院办公厅印发《生态环境损害赔偿制度改革方案》，明确自 2018 年 1 月 1 日起，在全国试行生态环境损害赔偿制度，到 2020 年，力争在全国范围内初步构建责任明确、途径畅通、技术规范保障有力、赔偿到位、修复有效的生态环境损害赔偿制度。

在流域管理方面，水生态管理理念和方式不断提高。我国水资源管理经历了多个阶段，从简单到复杂、由传统管理到现代管理、由粗放管理到精细化管理，经历了由政府主导的计划经济管理管理体制向宏观计划配置和市场主导的微观市场调节管理体制转变，由注重行政区域管理到强调流域管理与行政区域管理相结合的管理体制转变，由一般"就水论水"的狭义水资源管理向涵盖水环境和水生态管理的广义水资源管理过程转变。当前，水资源管理的趋势正逐步走向水资源综合管理和可持续管理，最大限度地实现流域水资源利用的经济高效性、环境完整性和社会公平性的水资源管理目标。社会发展由以经济为导向转变为以生态环境为导向，城市规模以区域发展、城市等级定位向以水资源承载力、水生态安全定位转化，由以前分散的河流、绿地和林地建设转变为生态网络的构建，污染治理局部治理转向全局化治理。

1.2.2　国内学术界水生态安全评价的主要历程

学术界关于水生态安全评价的相关研究，根据被引次数，相对较为权威的相关研究始于 2002 年[54-58]。2002 年，胡双庆开展了吡虫清等 4 种新农药的水生态安全性评价，以斜生栅列藻、大型溞和斑马鱼为试验生物，在实验室条件下测定了吡虫清、吡嗪酮、恶草酮和精喹禾灵 4 种新农药对水生生物的急性毒性 LC50 值或 LC50 值，并进行了安全性评价，分析不同农药对藻类和鱼类的毒性。此时的水生态安全处于微观研究，着重于从河道水系统方面研究水质安全。游文荪在 2009 年开展了鄱阳湖水生态安全现状评价与趋势研究，通过收集整理鄱阳湖社会经济、生态环境和水环境资料，运用 PSR 模型、层次分析法和综合指数法确定鄱阳湖现状年的水生态安全度并预测鄱阳湖水生态安全发展趋势。得出鄱阳湖现状 2005 年水生态安全度属于"基本安全"；预测 2010 年鄱阳湖水生态安全度有所提升，但仍属于"基本安全"的范畴；所以认为近期内鄱阳湖水生态安全度将在"基本安全"的范畴内波动。2013 年水生态安全评价相关研究逐渐增多，主要代表：陈华伟开展了基于驱动力—压力—状态—影响—响应（DPSIR）概念框架的水生态安全动态评价研究，基于 DPSIR 概念，综合考虑水生态安全的不确定性因素和系统的动态变化，建立了水生态安全评价的 DPSIR 框架及相应指标体系，将多元联系数与马尔科夫链随机模型进行耦合，构建了水生态安全动态评价模型。运用该模型对山东省东营市 1993—2011 年共 19 个年份的水生态安全状况进行了评价，并分析了安全等级的时序演进趋势。研究认为东营市水生态安全整体处于相对不安全或不安全等级，未来水生态安全稳态等级仍为相对不安全。代稳等[22] 开展了基于生态足迹模型的水资源生态安全评价研究，基于生态足迹理论和方法，构建水资源生态足迹、水资源生态承载力模型及水资源生态安全评价模型，引入水资源生态盈余和生态赤字、水资源生态压力指数和水资源生态足迹强度指标，以喀斯特地区贵州六盘水市为例，对六盘水市水资源生态安全进行了定量评价。张晓岚开展了漳卫南运河流域水生态安全指标体系构建及评价研究，基于 PSR 物理概念模型建立水生态安全指标体系，利用粗糙集和逼近于理想解法建立水生态安全评价模型，针对山东省漳卫南运河流域中潞城区、新乡县和德州市进行水生态安全评价。研究表明，漳卫南运河上游潞河区最好，中游新乡县其次，下游德州市最差，3 个县市均属于水生态安全评价标准的极差级别。

水生态安全评价相关研究成果在 2013 年后大量出现，2013 年 1 月，水利部印发了

《关于加快推进水生态文明建设工作的意见》，首次根据生态文明建设要求，在水利行业提出了水生态文明建设，将水生态安全提到了国家战略高度，促进了国内水生态安全研究。因此，2013年是我国深入推进水生态安全建设的一个重要转折点。

1.2.3　国外评价技术方法的研究与实践

近年来，经济、社会子系统与流域资源、环境、生态子系统间和谐可持续发展已逐渐成为全球水生态安全研究的一个热点，很多国家和地区都尝试开展流域水生态安全评价相关实践[59-61]。

美国颁布《清洁水法》，旨在保护河流物理、化学和生物的完整性，关注重点主要在流域河道水系这个层面。美国政府层面着力构建在流域景观状况、栖息地、水文、地貌、水质、生物状况和脆弱性等不同生态评价要素基础上的综合评价体系。在国家层面上美国政府制定的相关评价体系还包括"流域生态状况评价框架""具有森林服务功能的流域状况评价框架""流域恢复潜力评价框架""人类活动干扰对鱼栖息地影响评价框架"等，这些都为流域水生生态系统层面的安全评价提供了基础。在评价采样方法是相对简单的指示生物法和单一指数法。这些方法采用的参数较少，每个生物参数只对特定干扰的反应敏感，单独的参数只能对一定范围的干扰有响应，并不能准确和完整地反映出整个水生态系统的健康状况。20世纪80年代，美国提出了由12个量度指标组成的IBI指数。在1989年美国环境保护署又提出了旨在为全国水质管理提供基础水生生物数据的快速生物监测协议。1999年美国环境保护署推出新版的快速生物监测协议，为河流藻类、大型底栖动物、鱼类的监测及评价提供了技术方法。2008—2009年，美国开展了"国家河流与溪流评价"项目，除河流外，还制定了《湖泊评价的野外工作手册》，并相继开展了全国湖泊状况安全评价工作。

20世纪70年代初，英国河流管理者为了解河流健康状况制定了"水生生物监测计划"，主要针对河流中大型底栖动物开展调查与评价。从1990年起，英国环境部建立了包括水化学、水生生物、营养盐和美学感官等要素的水体安全状况评价方法体系，该体系中关注的水生生物主要是大型底栖动物，在该体系中将水体健康状况分为6个等级。20世纪90年代，英国开展"河流生境调查"，通过对河流的河道数据、沉积物特征、植被类型、河岸侵蚀、河岸带特征以及土地利用等指标来评价河流生境的自然特征和质量，并判断河流生境现状与纯自然状态之间的差距，分别公布了4个版本的河流生境评价方法。1998年英国提出"流域保护评价系统"，该评价系统通过调查评价35个属性数据构成的6大恢复标准（即自然多样性、天然性、代表性、稀有性、物种丰度及特殊特征）来确定英国河流保护价值。

2000年欧盟出台了《欧盟水框架指令》，要求各成员国在2015年实现地表水体达到"良好化学与生态状态"，成员国根据各自情况制订具体办法。在明确了目标之后需要界定水体状态。欧盟废弃物框架指令（WFD）规定了对地表水体的监测主要是针对河流、湖泊、过渡性水域和沿海水域。其中，河流与湖泊是主要的淡水水体，通过测定特定生物的、水文地貌的和物理化学的质量要素条件，来反映水体的健康状况。河流生物要素以水生植物、底栖动物、鱼类为主，湖泊生物要素则增加了浮游植物的评价要素；河流水文地貌要素以水文状况（流量、水流动力学）、河流连续性、形态条件（深度与宽度变化、河床结构与底质、河岸带结构）为主，湖泊水文地貌要素则以湖泊形态条件和水文状况为主；河流化学要素主要考虑热量条件、氧平衡条件、盐度、酸化状况、营养条件、特定污染物等，湖泊化学要素则增加了透明度指标。WFD 规定成员国必须监测生物质量要素条件的参数指标，综合使用多重度量指数来对水体进行生态状况分类，并规定了 5 个水体生态等级的划分标准。

澳大利亚的流域水生态安全评价在初期主要是以定性评价为主，同时监测河流水文物化参数。河流评价工作在不同地区开展的情况并不相同，没有建立全国统一的流域水生态安全评价方法。在 1992 年，澳大利亚政府开展了"国家流域安全计划"项目，旨在开展澳大利亚各流域的水生态安全状况监测和评价，评估现行水管理政策及实践的有效性和科学性，并为管理决策提供更全面的生态学及水文学数据。开展了河流生物调查与评价工作，不断优化河流生物调查与评价技术规范，并将此方法原理运用到鱼类和着生藻类上，而后发展了"河流鱼类预测与分类计划"和"硅藻预测与分类系统"。在 2005 年启动了"澳大利亚水资源项目"，旨在提升澳大利亚水体质量，并建立了一套"全国河流与湿地健康评价体系"，主要从河流物理形态、水质、水生生物、水文干扰、边缘区、流域干扰 6 个方面进行综合评价，后期对该系统不断进行完善。后来，澳大利亚自然资源和环境部提出了溪流状况指数，采用河流水文学、形态特征、河岸带状况、水质及水生生物 5 个方面的指标，综合评价河流健康状况，并对长期的河流管理和恢复中管理干预的有效性进行评价，其结果有助于确定河流恢复的目标，评估河流恢复的有效性，从而引导河流管理的可持续发展。

南非也开展了流域水生态系统安全评价相关工作。南非水利和林业部于 1994 年发起了"流域安全计划"，该计划选用河流大型底栖动物、鱼类、河岸植被、生境完整性、水质、水文、形态等河流生境状况作为河流健康的评价指标，提供了可广泛用于河流生物监测的框架。南非还针对河口底栖生物提出了河口健康指数，用生物健康指数、水质指标及美学健康指数来综合评估河口健康状况。此外，南非的快速生物监测计划也发展了"生境综合评价系统"，系统中涵盖了与生境相关的大型底栖动物、底泥、水化学指标及河流物理条件。

综上，从国外相关研究来看，当前水生态安全相关研究重点在于水质，尤其是水体健康方面的研究，从流域经济—社会—自然复合生态系统视角开展流域水生态治理的相关研究还比较少。党的十八大以来，习近平总书记站在实现中华民族永续发展的战略高度，亲自谋划、亲自部署、亲自推动治水事业，就治水发表了一系列重要讲话、做出了一系列重要指示批示，开创性提出"节水优先、空间均衡、系统治理、两手发力"治水思路，因此，国内全流域大尺度相关研究较多，这与 2013 年后国家治水思路转变有很大关系。

1.3 流域水生态安全评价研究现状

1.3.1 基于文献计量的水生态安全研究概况

本小节基于文献计量分析，对水生态安全研究领域进行文献统计和资料收集，了解水生态安全研究的最新进展。本书文献数据来源于 Web of Science（WOS）核心集和 CNKI

数据库信息，国外期刊数据为 Web of Science（WOS）核心集，国内期刊数据为 CNKI 数据库，检索时限为 1985—2020 年。

1.3.1.1 发文量时间分布

总体来看，Web of Science（WOS）核心集关于水生态安全的文献数量在近年来迅速增长，截至 2020 年 12 月 31 日，关于水生态安全研究成果共计 215 篇。CNKI 文献库检索到水生态安全研究成果 70 篇。可以看出，CNKI 文献总量较 WOS 文献总量少，在 2015 年达到高潮后近年来发文量逐渐稳定。具体的研究成果数量、年代分布见表 1-1。

表 1-1　　　　　　　　　　研究成果数量、年代分布

SCI 文献出版年	文献数量	占比/%	CNKI 文献出版年	文献数量	占比/%
2020	49	22.791	2020	3	4.29
2019	32	14.884	2019	4	5.71
2018	43	20.00	2018	5	7.14
2017	19	8.837	2017	7	10.00
2016	16	7.442	2016	6	8.57
2015	17	7.907	2015	10	14.29
2014	11	5.116	2014	7	10.00
2013	10	4.651	2013	10	14.29
2012	6	2.791	2012	5	7.14
2011	7	3.256	2011	4	5.71
2010	5	2.326	2010	3	4.29

2013 年开始，水生态安全研究文献量开始迅速增长，均到达两位数，是一个发展的标志性节点，2013 年 1 月，水利部印发《关于加快推进水生态文明建设工作的意见》，将水生态安全提到了国家战略高度，促进了国内水生态安全研究。国际上水生态安全研究火热势头不减，相对而言，国内水生态安全研究自 2015 年后发展较为缓慢，在国内，政府及社会层面对于水生态安全概念有了较大认同，成为研究热点和趋势，但由于学术界对其概念的理解还存在分歧，需要进一步推动其深入发展。

1.3.1.2 主要研究国家

从水生态安全研究的主要国家来看（图 1-1），我国学者的发文量最大，文献总数为 115 篇，占 53.5%，其次为美国，文献量为 42 篇，占比 19.5%。澳大利亚也是发文量较多的国家之一，文献总量为 23 篇，占比 10.7%。对比可以发现，当前国内学者将水生态安全研究的绝大多数先进成果多发表在国外高水平期刊上，而国内期刊的整体发文量相对较少，国外绝大多数是基于生态环境方面的研究内容较多，而国内主要是围绕水生态文明建设，从政府政策层面和理论探讨方面的研究内容较多。

在发文量最大的 10 个国家发展情况来看，中国位居首位，也是唯一的发展中国家，其他均为发达国家。可以看出，我国水生态安全研究已经走在了世界前列，该领域的发展势头良好，发文量逐年迅速提升，水生态安全将是今后的一个研究热点。

1.3.1.3 主要发文期刊

从发文期刊来看，国内外关于水生态安全研究的高产期刊分布具有一定的相似性。在

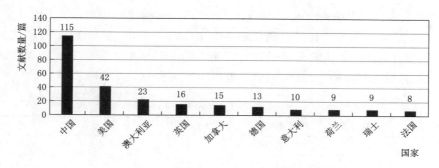

图 1-1   水生态安全研究发文国家分布

国外，水生态安全研究主要发表在 *SUSTAINABILITY，ECOLOGICAL INDICA-TORS，SCIENCE OF THE TOTAL ENVIRONMENT，ENVIRONMENTAL SCI-ENCE AND POLLUTION RESEARCH* 等生态环境类期刊。在国内，水生态安全研究论文主要发表在《中国水利》《长江流域资源与环境》《水利科技与经济》《安全与环境工程》等环境与水利类期刊上。这也体现了当前的一些国内外水生态安全研究的特点和区别，国内侧重于水利研究方面的较多，主要是"就水言水"解决水问题，国外侧重于生态环境方面，偏向于从系统综合视角看待水问题。具体见表 1-2。

表 1-2   国内外水生态安全研究领域高产期刊

SCI 来源出版物	文献数量/篇	占比/%	CNKI 来源出版物	文献数量/篇	占比/%
SUSTAINABILITY	14	6.512	《中国水利》	4	9.52
ECOLOGICAL INDICATORS	13	6.047	《长江流域资源与环境》	3	7.14
SCIENCE OF THE TOTAL ENVI-RONMENT	10	4.651	《水利科技与经济》	2	4.76
ENVIRONMENTAL SCIENCE AND POLLUTION RESEARCH	9	4.186	《人民黄河》	2	4.76
JOURNAL OF CLEANER PRO-DUCTION	8	3.721	《水利发展研究》	2	4.76
JOURNAL OF ENVIRONMEN-TAL MANAGEMENT	7	3.256	《安全与环境工程》	2	4.76
RENEWABLE SUSTAINABLE EN-ERGYREVIEWS	6	2.791	《水资源保护》	2	4.76
WATER	6	2.791	《生态科学》	2	4.76
JOURNAL OF HYDROLOGY	5	2.326	《华北水利水电大学学报》	2	4.76
AGRONOMY FOR SUSTAINABL EDEVELOPMENT	4	1.86			
FIELD CROPS RESEARCH	4	1.86			

1.3.1.4   高产作者

在 Web of Science（WOS）核心集检索出的 215 篇水生态安全相关文献中（表 1-3），

主要的高产作者有 WANG X、WANG Y、ZHANG Y、ZHAO CS 等，他们均为国内学者，排名前 10 的高产作者仅有澳大利亚的 MITROVICSM 和 ALIA（美国西北大学合作第三作者）。国内高产作者主要来自于甘肃农业大学水利水电工程学院成自勇团队（戴文渊、张芮、刘静霞、马奇梅）、辽宁大学的魏冉、华中农业大学的陈广等。

表 1-3　　　　　　　　　　　　高　产　作　者

SCI 高产作者	文献数量	占比/%	CNKI 高产作者	文献数量	占比/%
WANG X	6	2.791	戴文渊	5	7.142857
WANG Y	6	2.791	张芮	4	5.714286
ZHANG Y	4	1.86	成自勇	3	4.285714
ZHAO CS	4	1.86	刘静霞	3	4.285714
MITROVICSM	3	1.395	马奇梅	2	2.857143
WANG J	3	1.395	魏冉	2	2.857143
YANG ST	3	1.395	陈广	2	2.857143
ZHANG LX	3	1.395	郦息明	2	2.857143
ALIA	2	0.93	孙孝波	2	2.857143
CAO W	2	0.93	宋众艳	2	2.857143
CAO XC	2	0.93	朱玉祥	2	2.857143
CHEN D	2	0.93	商震霖	2	2.857143
CHEN HS	2	0.93	尹大强	1	1.428571
CHEN X	2	0.93	赵彦伟	1	1.428571

1.3.1.5　研究热点分布

通过对水生态安全研究主题和研究方向的词频归纳，见表 1-4。

表 1-4　　　　　　　　　　　　研　究　热　点　方　向

SCI 研究热点方向	文献数量	占比/%	CNKI 研究热点方向	文献数量	占比/%
ENVIRONMENTAL SCIENCE SEC-OLOGY	151	70.23	水生态安全	27	38.57
SCIENCE TECHNOLOGY OF THE RTOPICS	40	18.61	生态安全评价	25	35.71
WATERRE SOURCES	39	18.14	DPSIR	6	8.57
ENGINEERING	38	17.67	水生态	6	8.57
AGRICULTURE	24	11.16	生态安全	5	7.14
GEOLOGY	21	9.77	水资源	4	5.71
BIODIVERSITY CONSERVATION	15	6.98	水生态安全评价	4	5.71
ENERGYFUELS	6	2.79	水生态文明	4	5.71
MARINEFRESH WATER BIOLOGY	6	2.79	模糊综合评价	3	4.29
METEOROLOGY ATMOSPHER-IC SCIENCES	5	2.33	PSR	3	4.29
PHYSICALG EOGRAPHY	5	2.33	生态安全评价指标体系	3	4.29

续表

SCI 研究热点方向	文献数量	占比/%	CNKI 研究热点方向	文献数量	占比/%
PUBLIC ENVIRONMENTAL OCCUPATIONAL HEALTH	5	2.33	水安全	3	4.29
BIOTECHNOLOGY APPLIEDMICROBIOLOGY	3	1.40	DPSIR 模型	3	4.29
CHEMISTRY	3	1.40	指标体系	3	4.29
GENERAL INTERNAL MEDICINE	3	1.40	三峡库区	3	4.29
GEOGRAPHY	3	1.40	流域水环境	2	2.86
TOXICOLOGY	3	1.40	现状评价	2	2.86
COMPUTER SCIENCE	2	0.93			

水生态安全研究领域主要的研究热点词汇有：①"水生态文明、水生态、水资源、流域水环境"等热点词汇，体现出了水生态安全的资源属性、环境属性、生态属性及经济社会属性（水生态文明）；②"综合评价、现状评价"等热点词汇，体现了当前水生态安全研究的综合性（不是简单的就水言水，综合了经济、社会、自然因素），目前注重现状评价（水生态安全之前一段时间的发展变化情况，注重对"态"的关注）的特点；③"PSR、DPSIR 及 DPSIR 模型、评价指标体系"等，体现了水生态安全评价指标体系的构建中，当前绝大多数是基于现状评价，采取 PSR 及其扩展模型分析指标间因果关系；④"水安全、生态安全、水生态安全"等热点词汇，体现了当前在水生态安全研究融合了水安全、生态安全的内容，3 个概念间存在包含关系。因此，在研究水生态安全时，需辨析水安全、生态安全、水生态安全概念内涵；⑤"三峡库区"等热点词汇说明当前国内外水生态安全研究中，紧紧围绕实证研究展开，体现了水生态安全研究对象选择时，突出人为因素影响，具有典型地域性特点。

综上可知，水安全、生态安全、水生态安全研究内容有交叉重叠情况，需一一分析其概念内涵。因此在文献综述中，本书分别进行这 3 个概念的归纳分析。党的十九大报告中指出，坚持人与自然和谐共生，必须树立和践行绿水青山就是金山银山的新发展理念。可以预见，促进人水和谐，从系统综合视角看待水问题，水生态安全研究将是今后的一个热点。

1.3.2　水生态安全相关概念

1.3.2.1　水安全

研究水生态安全，首先需要理解水安全的内涵。国内外学者关于水安全的认识还不统一，涉及的概念大都是从某一个视角出发，研究内容也大不相同。

Moscuzza 等利用水质指数评估阿根廷平原农业区河流水质，以确保流域水安全[62]。Wu 等利用水质指数评价太湖流域河流水质，为流域水管理提供参考[63]。Sundaray 等将多变量统计技术用于评价印度贡迪河水质的时空变化，利用多元统计技术评估水质营养（氨、总氮、总磷等）与一些理化特性，评估水质状况[64]。他们着重从水的理化性质方面研究水安全，突出了水质这个重点，而实践中，水安全不仅仅牵扯到水质（干净、卫生的水），还与水够不够用等（水量）水安全的其他内涵息息相关，因此从水质这个层面定义水安全还不够全面。

Wan 等根据湖泊水文状况评估鄱阳湖水安全状况，提出洪水和干旱是鄱阳湖的主要水安全问题[65]。Dong 等采用干旱熵和证据推理算法对干旱时期的水安全风险进行了评价，从水安全风险角度认识水安全[66]。这个水安全的内涵描述中，从水灾害视角研究水安全，同样是从水安全内涵的一个侧面进行描述，缺乏对水安全系统全面的认识。

Wang 等在变化环境条件下河流水量和水质的综合模拟与评价中，指出传统的单一水体水质评价方法已不能满足水资源管理的要求，建立了水质水量耦合模型[67]。Norman 等提出了水安全状态指标（WSSI）评价方法，整合了与水质和水量有关的变量[68]。由于单独从水质或水量视角看待水安全存在欠缺，因此这个水安全的内涵中耦合了水质水量两个方面，具有很好的现实指导意义，但实践中，水量足、水质好并不意味着就水安全，水的调控管理等也是很重要的方面。

Holmatov 等从农业、电力、工业几方面建立评价指标体系，评估非洲南部发展中国家的经济发展水安全状况[69]。Kelly 等[70]在卫生检查和水质分析的关键回顾一文中，强调了水管理的在保障水安全方面的重要性；Wang 等从水资源的优化配置角度看待水安全问题[71]。水安全最突出的表现就是能够为人类经济社会服务，满足人的需求，水资源的优化配置、管理调控是水安全内涵的一个重要方面。这里在水安全的内涵中强调了水管理，但均是从水安全内涵的一个方面进行论述。

由此可以看出，学者们从水质、水量、水管理、水灾害等不同层面认识水安全。以往对水安全的认识，是坚持以人为中心的思想定义水安全，主要看水在服务功能方面是否满足人的现实需求，若能够满足人的需求，水安全状况即为良好，反之亦然。实践中，我们不仅关注水安全在当前各方面的状态，更关注的是人类综合经济、社会、自然环境各方面因素保障水安全所采取的调控措施以及水安全的发展变化趋势，包括自然过程及人类经济社会活动的综合影响。

1.3.2.2　生态安全

当前，生态安全研究呈现出明显的系统性和复杂性，还尚未形成统一的生态安全概念，通过梳理，主要分为以下 4 种理论内涵和外延[72-81]（表 1-5）。

表 1-5　　　　　　　　　　　　生态安全的内涵

序号	主要思想	概念内容	主要学者
1	以人为本主题，探讨环境安全与人类可持续发展的关系	生态安全是以人为本的战略性概念，指各国家、区域层面内生态资源状况能够支撑人类经济社会发展需求，既要防止生态环境退化对可持续发展能力的削弱，又要防止发生重大环境问题	陈国阶[20]、曲格平[24]、Shen Y 等[82]、Zhang J S[83]
2	以生态系统健康为主题，了解生态系统的服务功能状况	生态安全是自然生态系统、半自然生态系统的安全状况。是这两个生态系统的完整性及健康性，表征生态系统结构性、功能性及其对人类及经济社会行为的支撑能力	马克明等[84]、Rogers K 等[16]

序号	主要思想	概　念　内　容	主要学者
3	以生态系统脆弱性为主题，了解生态系统在风险作用下的演变趋势	从生态安全风险及健康两个方面定义生态安全，反映了人类社会能够可持续发展，自然生态系统能够保持健康、稳定，并支撑了生态系统的发展演化	王根绪等[85]、崔胜辉等[86]
4	以系统关系梳理为主题，了解系统的结构组成及主要影响因子	生态安全研究是对生态系统作用机理、演化机理的识别，是一个过程性概念，注重对系统影响因素，内部作用机理的研究	郭秀锐等[87]、Li[88] 等

由此可以看出，生态安全的定义，最重要的特点就是体现了系统性和综合性，均以生态系统作为研究对象。从概念内涵来看，第 1 种生态安全定义与第 4 种生态安全定义相对最为全面。但第 4 种生态安全定义中没有明确说明生态安全的概念，概念比较模糊，着重强调了生态安全的研究对象是生态系统，研究的方向为系统作用机理及演变趋势；第 1 种生态安全概念从研究主体及客体两个角度看待生态安全，生态系统支撑人类经济社会发展需求，同时防止生态环境退化对可持续发展能力的削弱。第 2 种和第 3 种生态安全定义侧重于客体的安全，即生态系统能够为人类提供可持续服务，从生态健康和生态风险两个侧面来分别阐述生态安全。

生态安全研究为我们解决一些带有模糊性、复杂性的问题时，考虑从系统视角看待问题具有一定的借鉴意义，尤其是第 1 种定义，坚持以人为本，探讨环境安全与人类可持续发展的关系，内涵较为全面。

1.3.2.3　水生态安全

近年来，水生态安全作为环境管理的目标已经逐渐在国内为人们所普遍接受，但在具体涵义的理解上还有争议，通过分析归纳，发现关于水生态安全的研究主要有以下 5 个研究视角（表 1-6、表 1-7）。

1. 基于环境科学视角的水生态安全

环境是指以人类为主体的外部世界，即人类赖以生存和发展的物质条件的综合体，包括自然环境和社会环境，其研究的侧重点在于自然环境，尤其是环境污染对人类健康和经济社会的影响，重心在"客体"，一般在环境科学中的环境主要指自然环境。

（1）从生态环境角度定义的水生态安全。张晓岚等[89-90]将水生态安全看作是自然生态环境能够满足人类和群落持续生存和发展需求，不损害自然生态环境潜力的一种状态，侧重点在生态环境。

（2）从资源环境角度定义水生态安全。张琪[91]认为水生态安全是指水生态环境能够为人类生存和发展提供必要的保障并适应人类社会和经济发展需要的状态；李梦怡等[92]主要是基于环境科学角度定义的水生态安全，强调与水有关的生态环境或者环境资源，侧重于"客体"的安全评价，认为水生态系统包括水资源、土地资源和环境容量资源，侧重从资源环境角度定义水生态安全。

综上，基于环境科学视角的水生态安全，研究重点在于看水在自然生态环境方面是否能够满足人类生存发展需求，但该定义中把人的经济社会活动对水生态安全的影响没有充分考虑在内。

2. 基于生态学视角的水生态安全

(1) 生态安全视角的理解。生态安全视角的水生态安全主要强调人的生活、健康、安乐、基本权利、生活保障来源、必要资源、社会秩序和人类适应环境变化的能力等方面不受威胁的状态，包括自然水生态安全、经济水生态安全和社会水生态安全。陈广等[93-94]指出，水生态系统安全是具有特定结构和功能的动态平衡系统的完整性和健康的整体水平反映，认为水生态安全是从环境变化、生态风险分析发展而来，将水生态安全混同为了生态安全展开研究，这从一定程度上为系统综合研究水问题拓宽了研究思路。

(2) 生态系统健康角度的水生态安全。水生态健康与水生态安全的差别在于，前者主要针对所研究的特定生态系统对外界干扰，其质量与活力的诊断和客观分析，侧重于自然生态系统结构和功能的研究。彭斌等[95] 认为水生态安全就是微观的水生生态系统健康，从河流水生生物、河流水文、水质、河流形态结构方面建立评价指标体系，评价河流的安全状况。

(3) 复合生态角度的水生态安全。复合生态系统角度的水生态安全侧重从与水有关的复合系统角度研究水问题。李万莲[96] 认为，城市水生态系统是一个自然-社会-经济复合的生态系统，从社会经济发展、自然水资源、水环境、生态管理方面建立评价体系，对水生态安全状况进行模糊综合评价，指出传统的环境管理理论和方法已经难以满足现代化管理的要求，因此需要加强水生态安全管理理论和方法研究。游文荪等[97] 将水生态安全定义为经济社会-生态环境-水环境复合系统的安全，选取了鄱阳湖区社会经济、生态环境和水环境3个方面构建水生态安全评价指标体系，将水生态安全研究的水生态系统看作是自然生态系统，经济系统和社会系统复合而成。

综上，基于生态学视角的水生态安全概念中，体现了水生态安全概念的系统性和综合性，注重从主体和客体综合视角研究水生态安全，适合当前解决水问题的发展需要。但目前的研究中，在指标体系构建时，对水生态安全客体的分析不够深入，水生态安全趋势分析的少，研究还处于初期阶段，需要进一步深入细化内容。

3. 基于安全科学的水生态安全

随着水生态安全研究的不断深入，人们越来越关注水生态安全的具体因素，想要明确造成生态系统和经济社会危险的主要因素，因而从安全科学角度理解水生态安全，把人的身心免受外界因素危害的存在状态作为看问题的角度，把解决这个存在状态的保障条件作为研究问题的着眼点，而形成了一门学科。因此安全科学的研究对象是人类生存过程中的一切不安全因素，侧重于"人"的安全。

(1) 生态风险。陈磊等[98] 从生态风险视角出发，侧重于风险研究。从特定生态系统中所发生的非期望事件的概率和后果来看水生态安全，认为水生态安全就是从概念上与"威胁"和"危险"联系在一起，从安全与灾害视角探索和发掘灾害对水生态安全影响机理和过程。

(2) 人类安全。此角度认为，只有人类才有"安全"的意识，所以水生态安全只有针对人类才有意义，认为水生态安全的研究对象就是人类水生态安全系统。魏冉等[99-100] 在水生态安全评价中加入了人文属性，即人类对安全因子的感受，它与人类社会的脆弱性有关，和人群心理上对水生态安全保障的期望水平、对所处环境的水资源特性认识以及自身的承载能力等有关。郑炜[101] 认为水生态安全是在一定的时间与空间限制内，保证水生态系统自身的结构体系和功能稳定的情况下，能够为人类提供的水资源服务，是生态安全的重要组成部分。

从安全科学视角看待水生态安全时，很多是注重从风险视角，注重外在因素对水生态安全的影响方面；或者从人文属性方面，加入人群心理感受，很难能够量化分析。

4. 基于水科学/水管理视角的水生态安全

水科学或水管理视角的水生态安全研究，主要是从水生态文明建设为指引，注重从技术、法规、制度等角度解决水问题。王繁玮等[102] 从水管理视角定义水生态安全，从治污、防洪、排涝、供水、节水和社会经济 6 个方面保障水生态安全，建立城市水生态安全评价指标体系。

在基于水科学/水管理视角的水生态安全概念理解中，注重人类的经济社会影响，而对自然环境自身的发展变化方面没有充分考虑。

5. 基于地缘政治视角的水生态安全

黄昌硕等[103] 从水资源条件与开发、水环境与生态、与水有关的社会经济等方面建立中国水资源及水生态安全评价指标体系，从国家层面强调水生态安全的重要意义。定义的水生态安全包含防止由于生态环境的退化对经济基础构成威胁、防止由于环境破坏和自然资源短缺引发人民群众的不满，特别是环境难民产生导致国家动荡，不断强调水生态安全对于国家安全的重要意义。

表 1-6　　　　　　　　基于环境科学、生态学视角的水生态安全

研究视角	基于环境科学视角		基于生态学视角		
	生态环境	环境资源	复合系统视角	生态安全视角	生态健康
定义主体	以与水有关生态环境为主体	以与水有关环境资源为主体	以人为主体	以人为主体	水生生态系统为主体
定义角度	从主体角度看客体的安全性	从主体角度看客体的安全性	从主体、客体视角	从主体、客体视角	从主体角度看客体的安全性
代表学者及主要内容	郑炜等在基于改进灰靶模型的广州市水生态安全评价；张晓岚、刘昌明等在漳卫南运河流域水生态安全指标体系构建及评价	张琪在深圳水生态安全体系研究；李梦怡等在塔里木河下游水生态安全评价及驱动要素分析	李万莲在蚌埠城市水生态安全动态变化的定量评价与分析；游文荪等在鄱阳湖水生态安全现状评价与趋势研究	陈广等在城市化视角下三峡库区重庆段水生态安全评价	彭斌等在广西河流水生态安全评价指标体系探究
安全对象	生态环境	生物、资源、食物、人体、生产及社会生态系统等	自然生态系统，经济系统和社会系统	生态系统结构和功能	生态系统的完整性和健康水平
影响因素	确定的，现状，短期	确定的，现状，短期	确定的，现状，短期	确定的，现状，短期	确定的，现状，短期

续表

研究视角	基于环境科学视角		基于生态学视角		
	生态环境	环境资源	复合系统视角	生态安全视角	生态健康
安全状态与过程	不受或少受破坏与威胁的状态	保障地球所有生物生存安全,繁衍环境所处的状态	不受威胁的状态	生态系统提供服务质量或数量的状态	健康的状态

表 1−7　　　　　基于安全科学、地缘政治、水科学视角的水生态安全概念

研究视角	安全科学视角		水科学/管理科学视角	地缘政治视角
	生态风险	人类安全	国家安全	国家安全
定义主体	以生态系统为主体	以人为主体	经济社会系统	以地域为主体
定义角度	从主体角度看客体的安全性	从主体角度看客体的安全性	从主体角度看客体的安全性	站在主体位置看客体
代表学者及主要内容	王耕等基于隐患因素的生态安全机理与评价方法研究;基于灾害视角的区域生态安全评价机理与方法,以辽河流域为例;陈磊等在基于风险的济南市水生态安全评价	魏冉等在辽宁北部典型流域水生态功能区水生态安全评价,加入了人文属性,即人类对安全因子的感受	王繁玮等在基于 PSR 的城市水生态安全评价体系研究——以"五水共治"治水模式下的临海市为例	黄昌硕等中国水资源及水生态安全评价
安全对象	生态系统	生产、生活和健康方面	人类经济社会系统	环境、地缘安全
影响因素	不确定的,长期	确定的,现状,短期	确定的,现状,短期	确定的,现状,长期
安全状态与过程	不受威胁的状态	不受生态破坏与环境污染等影响的保障程度	保障人类的生产生活用水,水服务功能不受影响	不受生态破坏、领土环境威胁等影响的保障程度

　　综上,在水生态安全的概念理解上,不同的学者因研究领域和学术背景差异,分别从资源科学、生态学、管理学、安全科学等角度研究水生态安全。基于生态学视角的水生态安全概念最为全面具体,体现了水生态安全的系统性综合性,从主体和客体视角看待水问题,但研究当前处于初期阶段,但还存在很多不足。

1.3.3　水生态安全评价概念及特点

　　水生态安全评价是人类赖以生存的以水为主线的经济-社会-自然复合生态系统安全状态优劣的定量描述,指以水为主线的经济子系统-社会子系统-资源子系统-环境子系统-生态子系统发展受到一个或者多个威胁因素影响后,对水生态系统以及由此产生的不利后果的可能性进行评估。水生态安全评价中,无论是宏观的还是微观现象都处于以水为主线的经济-社会-自然这个复合生态系统中,由于系统的复杂性,反映出系统水生态安全本质的各种现象,表现出各自的性质(由水的基本属性延伸出水生态安全的经济属性、社会属性、资源属性、环境属性、生态属性)。水生态安全评价涉及水科学、环境科学、生态学、安全科学等学科的基本理论与基本内容,与水资源评价、安全评价、环境评价、生态评价相互关联,相互影响,所以水生态安全评价具有复杂性、综合性、跨领域、多学科、复合系统等基本特征,主要表现在以下几个方面:

（1）水生态安全评价是对人类以水为主线的生存环境和生态条件安全状态的评判，既包括自然环境（资源子系统-环境子系统-生态子系统），也包括经济、社会环境。水生态安全评价是人与自然协调统一发展过程中，以水为主线的自然生态环境系统与社会生态环境系统是否满足人类生存与发展的基本客观条件。

（2）水生态安全评价属于系统评价。水生态安全评价就是要研究确定以水为主线的人类（经济、社会属性）、自然（环境属性、资源属性、生态属性）系统的安全状态，为了保证该复合系统处于良好状态，必须对构成该系统的各子系统中各要素变化情况进行动态监测，不断收集信息，分析预测，得出评价结果，并对不利的后果采取措施。

（3）水生态安全评价的相对性。没有绝对意义上的安全，只有相对的安全，水生态安全的目标并不是否认经济社会的发展，只是在人与自然和谐的基础上，寻求最佳水平的相对安全程度。

（4）水生态安全评价的动态性。水生态安全要素、区域或国家的水生态安全状况并不是一成不变的，它随着环境的变化而变化。由于水生态系统自身或由于人类经济社会活动产生的不良影响反馈给人类生活、生存和发展条件，导致安全程度的变化，甚至由安全变为不安全。

（5）水生态安全评价以人为本。水生态安全评价的标准是人类所要求的水生态因子的质量来衡量，其影响因子较多，包括以水为主线的人类-自然各系统中因素，包括人为因素（经济属性、社会属性）和自然因素（资源属性、环境属性、生态属性），均是以是否能满足人类正常生存与发展的需求作为衡量标准。

（6）水生态安全评价的空间异质性。水生态安全的威胁往往具有区域性、局部性特点，某个区域的不安全并不会直接意味着另一个区域也会不安全，而且对于不安全的状态，可以通过采取措施加以减轻，可以人为调控。

（7）水生态安全的威胁绝大多数来自于系统内部。水生态安全的威胁主要来自于人类的经济社会活动，引起了以水为主线的复合生态系统自然系统破坏，导致对整个系统造成威胁，要通过人为调控减轻影响，人们必须付出代价，进行投入，即生产发展成本。

1.3.4　水生态安全评价框架模型

随着水生态安全评价研究的深入，水生态安全在指标体系建立上已经摆脱了单因子评价指标模式，开始向多指标综合评价的指标体系发展，水生态安全评价实质上是水安全评价的发展和延伸，建立科学合理的指标体系是开展水生态安全评价的关键。

Marttunen 等、Jabari 等、Aboelnga 等、Qin 等、Jia 等、Zhang 等[104-109] 在水生态安全评价研究中，均是以 PSR 或者其扩展模型构建评价指标体系。当前关于水生态安全评价的框架模型主要有 3 种：一是揭示过程机制的 PSR（压力-状态-响应）及其扩展模型框架，强调对问题发生的原因-效果-对策的逻辑关系分析，能够抓住系统中相互关系特点，是评价人类活动与资源可持续发展方面比较完善的权威体系；二是以 SENCE（经济-社会-自然复合生态系统）为基础的框架，具有较好的系统结构把握和决策过程的考量；三是以生态系统的结构和功能为依据，运用生态学方法，较为新颖，但受数据获取困难等因素限制，适用范围窄，目前在水生态安全评价中没有得到广泛应用。

具体的框架模型见表 1-8。

表1-8 水生态安全评价框架模型

指标体系	特 点	适 用 范 围	难点和不足
PSR模型	强调经济运作及其对环境影响之间的关系	适用范围较广，主要应用于流域生态安全评价、响应健康评价、脆弱性评价、可持续评价等	人类活动对环境的影响只能通过环境状态指标随时间的变化而间接的反映出来
SOPAC	生态脆弱性评价指标体系，包括地区发展指标、人类对环境的压力指标生态风险评价指标	是目前评价区域生态/环境脆弱性中较为完善的一种指标体系	指标体系具有明显的沿海特色，应用范围窄
DSR	强调造成发展不可持续的人类活动、消费模式和经济系统的因素；各系统的状态；为促进可持续发展过程所采取的对策	能较好反映经济、环境、资源之间的相互依存、相互制约的关系。适用范围广，可用于不同尺度的生态安全评价、风险评价、可持续评价等	找准产生环境问题的原因并将指标量化是一个难题
DPSR/DPSIR	在PSR框架基础上，增加了产生问题的原因这一指标增加了推动环境压力增加或减轻的社会经济或社会文化因子以及由环境状况导致的结果		框架结构涉及比较复杂，选择合适的驱动力、影响、响应指标是一个难点，目前这方面的实证研究少
ANP-PRS-SENCE	运用复杂系统的网络分析法作为指标体系的基本方法，以PSR模型为理论框架，依据复合生态系统理论，选择具体指标体系	可做生态安全评价，但目前相关研究较少	三个模型之间的衔接是一个难点
基于景观指数的生态安全评价指标体系	引入景观生态学的景观指数来表征生态环境状况	适用于生态环境脆弱性评价、生态环境效益监测与评价、生态安全评价等	目前研究较少，因所需的数据获取困难，应用范围窄
环境、生物与生态系统分类系统	根据生态安全的内涵来构建指标体系，包括生态系统安全、环境安全和生物安全指标	该模型所揭示的是一定时期的生态质量，主要适用于不同尺度的环境质量评价	不能完全反映出生态健康状况及生态系统或者区域环境的可持续维护能力
社会-经济-自然复合生态系统（SENCE）	从复合生态系统组成的角度出发，构建评价区域的社会、经济、自然指标	框架的可适用范围广，也是比较成熟的理论体系，可适用于不同尺度的生态安全评价、健康评价、可持续评价等	指标选择时具有一定的主观性

由此可以看出，3种主要的框架模型的优缺点如下：①最为常用的"压力-状态-响应"（PSR）模型，它是由经济合作和发展组织（OECD）和联合国环境规划署（UNWP）共同提出的，主要用于评价人类活动对生态环境的影响程度，是较为成熟的评价指标体系。在这个模型中，P代表系统受到的外部压力，S代表自然资源的变化状态，R代表人类为改善不良影响而采取的保护措施。PSR（压力-状态-响应）模型能够清楚表明系统中的因果关系，由于当前水生态安全评价方法没有突破，主要依赖PSR理论模型框架，指标权重主要根据层次分析法和专家打分法获得，都具有较大的主观性，缺乏对系统结构和

决策过程的有效把握，且不适合于复杂的反馈系统[110-111]；②基于景观指数的安全评价指标体系主要是受学科限制，目前指标数据获取较为困难，运用范围严重受限，没有得到广泛的应用；③SENCE 框架已经被广泛认可，但是实际运用中较少，注重对系统结构和决策过程的把握，但欠缺对指标体系的因果逻辑关系分析。

水生态安全评价研究是一个多学科交叉领域，指标体系构建比较复杂，没有公认的定义，实践应用中主观意识强，不同学者有不同的见解；而对于评价指标体系的分析优化方面的研究非常少。鉴于 SENCE 理论和 PSR 框架在指标体系构建研究中得到了认可，但实际中未能很好地将这两个理论框架结合起来，未充分发挥复合水生态系统 SENCE（社会-经济-自然）-PSR（压力-状态-响应）模型相互关系的优势，影响了指标体系的理论和实践价值。因此，本书在评价指标体系构建中，建立了基于 W-SENCE-PSR 框架的水生态安全评价指标体系，充分发挥了 SENCE 框架在结构和决策过程的有效把握和 PSR 框架在指标因果逻辑关系分析中的优势。

1.3.5　水生态安全评价方法

水生态安全评价研究在积极吸收其他相关学科的研究成果基础上，在研究方法上得到了较大发展，评价方法已经由简单定性描述开始向定量研究拓展。Nichols 等[112]、Tang 等[113]、Hong 等[114] 在水生态安全评价研究中均开始向多指标、综合性、系统性评价过渡。目前常用的评价方法及优缺点见表 1-9。

表 1-9　　　　　　　　　　　水生态安全评价方法及优缺点

模型	主要方法	方法特点及优缺点
数学模型	层次分析法	列出影响水生态安全的主要约束条件，运用系统分析和动态分析手段寻求多个目标的整体最优，可建立概念清晰、层次分明、逻辑合理的指标体系层次结构；缺点是建立的常权值分布刚性太大，难以准确反映生态环境及水生态安全评价区域的实际情况
	主成分投影法	克服指标间信息重叠的问题，客观确定评价对象的相对位置和安全等级，但未考虑实际含义，容易出现确定的权重和实际重要程度相悖的情况
	灰色关联度法	量化研究系统各因素的相互联系、相互影响、相互作用，若两因子参数数列构成的空间几何曲线越接近，则关联度越大
	综合指数评价法	采用统计方法，选择单项和多项指标来反映区域水生态安全状况
	物元评判法	从变化的角度识别变化中的因子，直观性好，但关联函数形式确定不规范，难以通用
	模糊综合法	考虑到了系统内部关系的错综复杂和模糊性，但函数的确定及指标参数的模糊化会掺杂人为因素而丢失有用信息；在对各因素进行单因素评价的基础上确定评语集合和权重，通过综合评判矩阵对其水生态安全状况做出多因素综合评价
生态模型	生态足迹法	借用生态学方法论和思维方式，应用野外和现场调查、实验室分析、模拟实验、生态网络综合分析等生态方法开展研究
	BP 网络法	指标权值自动适应调整并可根据不同需要选取随意多个评价参数建模，具有很强的适应性，但收敛速度慢，易陷入局部极小值

续表

模型	主要方法	方法特点及优缺点
景观生态模型	景观生态安全格局法	可从生态系统结构出发综合评估各种潜在生态影响类型
	景观空间邻接度法	从空间上定量地描述景观结构，建立景观结构功能模型和相关评价指标，分析评价区域尺度上的环境效应及对安全影响的作用程度
数字模型	数字生态安全法	RS 和 GIS 相结合，采用栅格数据结构，叠加，可与其他方法结合

　　在确定指标权重时，绝大多数模型采取数字模型，综合指数法、层次分析法、灰色关联度法等是主要方法，生态模型、水足迹法、景观生态模型等都是近年来兴起的新的评估模型。（图 1-2）。由于这些评价方法在运算过程中对指标数据的要求较高，或者指标的获取需要结合 3S 技术，数据获取存在一定困难，因此实践中，绝大多数研究中采用的评价方法都是以数字模型为主。但由于每种方法都有各自的优势和缺点（表 1-10），没有一种完全可以适用的完美解决策略，这主要是由于水生态安全评价是一个多指标的综合、系统评价过程，由于系统的复杂性，要想找到指标间明确的相互关系几乎不可能，这就决定了在方法选择过程中需结合使用多种方法，发挥长处，解决主要问题。

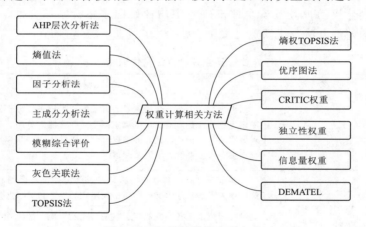

图 1-2　权重计算的主要方法

　　由于模糊数学方法是专门用来解决这种带有模糊性的系统综合评价问题，这类问题界限不清或隶属关系不明确，在水生态系统中，无论是宏观还是微观现象都处于社会-经济-自然这个巨系统中，由于系统的复杂性，决定了水生态安全评价的不确定性和模糊性。

表 1-10　　　　　　　　　　　权重计算的主要方法特征

编号	方　法	说　明
1	AHP 层次分析法	定量分析和定性分析方法结合，用于专家打分计算权重
2	熵值法	适用场景比较广，根据数据不确定性判断权重
3	因子分析法	根据信息浓缩大小判断权重
4	主成分分析法	根据信息浓缩大小判断权重
5	模糊综合评价	借助模糊数学的一些概念，对实际的综合评价问题提供评

续表

编号	方　　法	说　　明
6	灰色关联法	通过关联性大小进行度量数据之间的关联程度
7	TOPSIS 法	结合数据间的大小，得出优劣方案排序
8	熵权 TOPSIS 法	先使用熵权法得到新数据，然后利用新数据进行 TOPSIS 法研究
9	优序图法	利用相对重要性进行权重计算，适用专家打分等
10	CRITIC 权重	利用数据波动性和冲突性进行权重计算
11	独立性权重	利用数据相关性强弱进行权重计算
12	信息量权重	利用数据变异性进行权重计算
13	DEMATEL	利用要素之间的逻辑关系和直接影响矩阵确定权重

　　模糊综合评价借助模糊数学的一些概念，应用模糊关系合成原理，将一些边界不清、不易定量的因素定量化，进而进行综合性评价。综合前人在相关研究中的实际情况及优劣分析，发现模糊数学方法在解决此类问题中，从理论上占据优势，实践中也已有了较好的应用实例。因此本书选取模糊数学中的模糊系统分析法确定指标权重，综合评价中采用模糊综合评价法。

1.3.6　水生态安全预测评价

　　陈广等[93-94]在三峡库区水生态安全评价中，在得到 2006—2013 年三峡库区重庆段以及三峡库区湖北段各区县水生态安全综合指数后，运用 G（1，1）模型预测 2014—2018 年的水生态安全综合指数，结合水生态安全综合指数的实际值、拟合值和预测值绘制了各区县的水生态安全发展态势图，可以较为清晰地看出今后发展趋势，但不能明确得到今后发展得较准确对应值，指导性和指导意义有待进一步加强。樊彦芳[115]采用常规发展模拟（BAU）结合可持续性发展模型（TSD），对太湖流域江苏地区水生态与水环境安全趋势预测分析。但由于指标的发展变化不以人的意志为转移，两种发展模式模拟模型具有很强的主观性，结果仅作为参考。张琪[116]在深圳水生态安全体系研究中，对主要水环境安全问题进行分析，对变化趋势进行了简单线性分析。高凡[117]在珠江三角洲地区城市水环境生态安全评价研究中，根据综合评价值及其所处的安全等级，通过现状分析提出水生态安全预警对策。

　　当前水生态安全状况预测通常使用的方法主要有以下几种：

　　（1）基于评价结果的简单预测分析。即根据评价结果，得到之前一段时间水生态安全整体状况，运用评价结果指导今后调控实践，当前绝大多数水生态安全评价都是采用这种（根据已有水生态安全评价指标数据了解之前一段时间的整体发展变化情况）模式[115-117]，分析当前压力来源，提出对策，很少进行深入的水生态安全"势"（水生态安全评价指标变化趋势）的分析。

　　（2）灰色预测模型[118-123]。灰色模型预测法是一种对含有不确定因素的系统，即灰色系统进行预测的方法。灰色系统是介于白色系统和黑色系统之间的一种系统，系统内的一部分信息是已知的，另一部分信息是未知的，各因数间具有不确定的关系。而白色系统是指一个系统的内部环境是完全已知的，黑色系统是指一个系统的内部信息对外界来说是一无所知的，只能通过它与外界的联系加以研究。

（3）神经网络模型[124-128]。该模型是由大量、简单的处理单元相互连接而形成的复杂网络系统，类似我们人类的学习方式，具有人脑功能的许多基本特征，因此称为神经网络。它是一个高度复杂的非线性学习系统，具有大规模并行、分布式储存处理、自组织、自适应和自学能力，特别适合处理需要同时考虑许多因素和条件的、不精确和模糊的信息处理问题。

由于灰色系统主要是在实际中解决一些"不确定"的系统，要么缺少大量数据，要么内部机理不明确，致使建模和定量困难。而在水生态安全评价中，体系机理基本明确，指标数据也已经获取。因此，本书运用 BP 神经网络模型，该模型可以运用 MATLAB 软件，较为方便地实现数据的预测分析，通过拟合值和实际值的对比分析，不断调节预测值曲线，直到达到较为理想的拟合效果后，运用预测模型，一一预测指标今后发展状况。

综上，水生态安全概念理解上因研究领域与学术背景差异，学者们分别从资源科学、生态学、管理学、安全科学等视角进行了研究，发现基于生态学（复合生态系统）视角定义的水生态安全概念最为具体全面，注重从主体和客体综合视角研究水生态安全，体现了水生态安全概念的系统性和综合性。在水生态安全评价实践中，研究多注重于水生态安全的现状，对其变化趋势的分析不够，具体指标体系的分析优化几乎很少涉及，而它是提高指标体系的区分度与准确性的重要环节。水生态安全评价框架模型也绝大多数是以 PSR 模型为基础，从系统的因果分析角度来了解系统间关系，但欠缺了对系统结构及决策过程的有效把握，在水生态安全评价的相关方法中，确定指标权重时，采用的方法种类繁多，像层次分析法、灰色关联度法等，每种方法都有各自的优点和缺陷，要想找到指标间明确的相互关系几乎不可能，这就决定了需要结合使用多用方法，厘清指标间的关系。

1.3.7　水生态安全评价与水环境损害评估

在我国工业化和城镇化进程中，日趋频繁的环境损害事件所导致的私益损害得不到足额赔偿、公益损害得不到足够重视的现象引起了政府和社会的高度关注[129]。在党和政府的高度重视下，我国生态环境损害评估体系日趋完善。1979 年颁布的《中华人民共和国环境保护法（试行）》首次确立了环境影响评价的法律地位。环境影响评价是针对人类的生产或生活行为（包括立法、规划和开发建设活动等）可能对环境造成的影响，在环境质量现状监测和调查的基础上，运用模式计算、类比分析等技术手段进行分析、预测和评估，提出预防和缓解不良缓解影响措施的技术方法。2002 年颁布的《中华人民共和国环境影响评价法》明确规定了其法律目的：为了实施可持续发展战略，预防因规划和建设项目实施后对环境造成不良影响，促进经济、社会和环境协调发展。关于环境损害司法鉴定和环境损害科学评价，在我国还处于起步阶段，相关质量控制甚至处于空白。因此，开展我国环境司法鉴定与环境损害科学评价质量控制研究并应用于实践迫在眉睫。

1.3.7.1　水生态环境损害评估的发展现状

2015 年 5 月，由中共中央、国务院发布的《关于加快推进生态文明建设的意见》提出"建立独立公正的生态环境损害评估制度"，此后生态环境部门及其他相关部门先后出台了生态环境损害鉴定评估的技术规范和要求，初步建立了生态环境损害鉴定评估标准体系和技术路线，进一步健全生态环境损害赔偿制度，为环境管理、司法审判及损害赔偿等工作提供了技术支撑，为保障环境安全、群众的生命财产安全做出了积极贡献。

党的十九大明确提出，加快生态文明体制改革，实行最严格的生态环境保护制度。建立健全生态环境损害赔偿制度，作为一项开创性、长远性、基础性工作，是生态文明体制改革的重要内容，是生态文明制度体系建设的重要组成部分，是实行最严格的生态环境保护制度的具体实践。2017年12月，中共中央办公厅、国务院办公厅印发《生态环境损害赔偿制度改革方案》，这是党中央、国务院做出的重大决策，标志着生态环境损害赔偿制度改革将从先行试点进入全国试行的新阶段。当前，各种污染环境、破坏生态的行为频发，造成大气、地表水、地下水、土壤等环境要素以及植物、动物、微生物等生物要素的不利改变，导致生态系统功能的退化，造成生态环境的损害。这些往往是生产生活中、特别是各种经营活动中产生的，表现为土壤的腐蚀、水源的污染、大气污染物的排放等。生态环境损害原因行为具有经济价值性。致害的原因行为在价值判断上具有社会、经济等效用，且在生产生活中难以完全避免。因而，需要找到能够权衡经济、社会和环境等各种利益的"平衡点"，预防和控制致生态环境损害的行为。我国对生态损害赔偿目前采用严格责任的归责原则，一方面有利于建立促使经营者主动避免对环境不利的经济行为的激励机制，另一方面可以消除潜在原告的证明责任人的行为与造成的损害之间关系的举证负担，从而达到保护环境与生态系统的目的。

1.3.7.2 水生态环境损害评估的重要意义

近年来，随着人类社会对美好环境的需求，生态环境保护也越来越受到重视。但在我国，各类污染事件造成的环境损害事件却同时出现频发状态，在生态环境保护过程中，环境破坏问题造成的后果及严重性使得解决起来越来越棘手。

当前，我国水生态环境污染形势严峻，突发性水污染事件频发，以复杂混合泄漏污染物为特征的河流水环境污染问题日益突出，严重威胁到我国的生态环境安全。如何定量评估突发性水污染事件的生态环境损害对遏制环境污染行为，保障受损的环境资源得到及时的恢复补偿具有重要意义。欧美等发达国家的许多学者已经在这一领域做了大量的研究，创新性地发展出一系列丰富的适合各国国情的量化方法和理论模型。我国也有许多学者尝试将国外的经验方法引入到中国，但生态环境损害的价值评估难度很大，评估结果的不确定性很高，阻碍了环境损害评估工作的进一步推广。因此，亟须对这些已经存在的环境问题进行损害程度鉴定评估，并针对水生态、土壤、湿地生态环境以及大气环境等环境情况，进行基线确定、因果关系判定、损害数额量化等损害鉴定。在此大背景下，生态环境损害评估鉴定的重要性也越来越凸显了出来。

1.3.7.3 水生态环境损害评估的主要方法

目前衍生出了许多有针对性的水生态环境损害评估相关关键技术与标准，生态环境部也出台或修订生态环境损害鉴定评估的专项技术规范，着力完善生态环境损害鉴定评估技术标准体系，为不断深化生态环境损害赔偿制度改革提供技术支撑。

质量控制是环境司法鉴定和环境损害评价的核心工作，是为了保证各种实验数据准确可靠的实验室控制方法。环境损害司法鉴定和环境损害评价质量控制是一个系统的理论，包括人员、环境、仪器设备条件、计量器具、组织管理、试剂及仪器设备的购买（供应商的质量保证体系）维修服务质量体系、人员技术等级认定、量值传递、数据处理（包括数值不确定度的给定）等多方面；在环境损害司法鉴定和环境损害评价工作中每一项分析工作都由许多操作步骤组成，鉴定结果和评价报告的可信度受到许多因素的影响，只有实施了质量控制，环境司法鉴定和环境损害评价所出具的结论报告才会有可信度，作为证据的鉴定报告和评价报告才具有法律效力。质量控制方法是保证环境损害司法鉴定和环境损害评价质量并使其质量不断提高的一种质量管理方法。

虚拟治理成本法是国家环境保护部门推荐的计算生态环境损害数额的主要方法，2016年"两高"司法解释施行以来，司法实践中尚未有案件将生态环境损害作为入罪量刑的考量因素。"法律的生命力在于实施，法律的权威也在于实施"，为使生态法益从立法走向司法，避免生态法益被精神化，必须构建生态环境损害的可测量化控制机制。生态环境损害"量"的判断涉及社会共享性利益的整体把握，除了对具体利益进行量化统计，还需要以此为基础对生态系统的退化情况进行综合衡量。这既是一个法律问题，也是一个科学技术问题。随着"两高"司法解释的实施，如何确定生态环境损害行为的刑事责任已成为环境刑事司法的一个瓶颈。为便于计算生态环境损害赔偿金额，原环境保护部 2014 年制定的《环境损害鉴定评估推荐方法（第 Ⅱ 版）》附录 A 第 2.3 条专门规定了虚拟治理成本法。针对甘肃省潜在环境损害因子，构建适用于甘肃省省情的环境损害虚拟治理成本标准体系。在潜在损害因子评价质量控制的基础上，探索显露和潜在环境损害的虚拟治理成本估算方法，并初步制订具有地方特色的虚拟治理成本核算标准，为甘肃省环境损害司法鉴定和环境损害评价提供成本计算依据；针对甘肃省环境特点，进行环境基准体系构建规则的质量控制体系构建。通过联合其他兄弟院校和科研院所及各级环境监测站，在厘清甘肃省显露及潜在环境损害因子的基础上，初步构建甘肃省环境基准体系，为甘肃省环境损害评价的快速科学响应提供理论和实验参数。

通过研究、分析鉴定结果和评价报告的整体情况，揭示质量差异的规律，找出影响质量差异的原因，采取技术措施，消除或控制产生鉴定结果和评价报告不准确或不科学的因素，使鉴定和评价在全过程中每一个环节都能正常的、理想的进行。国内相关的质量控制体系也处于起步阶段，目前还没有相关的质量控制体系。因此，结合流域水生态安全评价中所采用的层次分析法、主成分投影法、灰色关联度法、综合指数评价法、物元评判法、模糊综合法、生态足迹法、BP 网络法、景观生态安全格局法、景观空间邻接度法、数字生态安全法等方法，推动水生态环境损害评估工作更上新台阶。

1.3.7.4　水生态环境损害评估展望

我国正处于环境问题"三个高峰"叠加时期：一是环境污染最为严重的时期到来，可能延续到未来 10～15 年；二是突发性环境事件进入高发期，特别是污染严重时期与生产事故高发时期重叠，环境风险不断增大，国家环境安全受到挑战；三是群体性环境事件上升迅速，污染问题成为影响社会稳定的"导火索"。如联合国粮农组织发布了题为《土壤污染：隐藏的现实》的报告，指出中国有超过 16% 的土壤和 19% 的农业土壤被列为受污染的土壤。因此，我国环境保护必须走向第二时代——风险控制时代。但是，风险规制比后果规制的难度更大。危害后果的不可逆性要求确立"风险预防原则"，风险发生的交互性要求建立"整合式管理体制"，因果关联的不确定性要求明确"科学决策机制"，利益冲突的广泛性要求广泛的"公众参与"。风险预防实际上是"面向未知而决策"，法律需要解决的问题是，如何规范政府在证据、事实尚不确定的情况下采取的行动，如何判断这样的行动是否符合比例原则。而此过程则需要"法律＋科技"共同来完成。科技主要是解决环境与健康风险调查、监测、评估问题，建立以保障公众健康为核心的环境标准体系。目前，环境损害司法鉴定和环境损害评价尚缺乏完善的技术质量标准和规范，不适应目前我国环境司法鉴定的需要。因此，未来需要依据环境污染特点制定相关标准和规范，完善鉴定技术内容，指导环境损害司法鉴定工作。

水生态环境损害评估研究具有广阔的发展前景，可以在以下 4 个方面开展流域环境司法鉴定与环境损害科学评价质量控制研究与实践应用。

（1）开展流域环境损害从后控制到风险预防的潜在损害因子评价质量控制研究。通过对甘肃省重点流域可能的环境损害因子进行系统梳理，并进行质量控制研究，降低突发环境影响对环境的损害。

（2）开展流域潜在环境损害的虚拟治理成本标准研究。在潜在损害因子评价质量控制的基础上，开展潜在环境损害的虚拟成本估算，并制定具有地方特色的虚拟治理成本核算标准。为流域环境损害司法鉴定和环境损害评价提供成本计算依据。

（3）开展流域环境基准体系构建规则的质量控制研究。充分利用相关研究平台，与各科研院所及各级环境监测站，在厘清甘肃省黄河流域潜在环境损害因子的基础上，初步构建流域环境基准体系，为流域环境损害评价的快速科学响应提供理论和实验参数。

（4）开展流域高校及科研院所与环境司法鉴定机构合作模式研究。在上述质量控制研究基础上，充分挖掘科研院所和环境司法鉴定与环境损害评价相关的技术平台（通过认证的实验测试平台）和人力资源，形成一支专业性强、技术过硬、平台先进的立体快速响应体系。

针对环境损害从后控制到风险预防的潜在损害因子评价质量控制体系。通过对可能的环境损害因子进行系统梳理，并进行质量控制研究，通过提前预防，以降低可能突发环境事件对环境的损害；为了实现上述社会效益，可以尝试通过挖掘和利用高校和科研机构先进的平台和人力资源，开展高校及科研院所与环境司法鉴定机构的合作模式研究。

1.3.8　水生态安全评价与黄河流域综合治理及高质量发展

黄河流域是我国西北、华北地区的重要水源，是我国重要的生态屏障和经济地带，也是打赢防范重大风险、乡村振兴、污染防治三大战役的重要区域，对保障国家和区域可持续发展具有十分重要的全局性、战略性、稳定性作用。虽然近年来黄河流域在生态建设、环境治理等方面取得了明显进展，但黄河流域长期以来面临的水资源紧缺、水质不达标、洪水威胁、水土流失、泥沙淤积、局地生态退化等生态环境挑战依然形势严峻。鉴于黄河流域跨行政区多，自然资源禀赋与生态环境问题又具有特殊性、复杂性，因此单靠较为分散的行政法规、规章制度以及地方性法规难以起到有效调节作用。从国际流域立法实践来看，多个国家和地区通过流域立法验证了以自然流域为单元的整体性治理路径的成功，流域综合专门立法为流域治理提供了制度基础。包括美国、澳大利亚、日本及德国等国家通过实施流域立法统一管理流域水资源、协调流域上下游利益，实现流域生态系统保护与经济社会的和谐发展。

《中华人民共和国黄河保护法》（以下简称《黄河保护法》）于 2022 年 10 月 30 日第

十三届全国人民代表大会常务委员会第三十七次会议获得通过，于 2023 年 4 月 1 日起施行。《黄河保护法》的颁布实施，旨在从全流域尺度对黄河实施统一综合治理，解决黄河流域生态环境保护难题，推动黄河流域实现高质量发展。而黄河保护专门性立法颁布实施，是建立在对立法现状评估的基础上，要立足于黄河全流域整体和长远利益，突出流域保护治理的系统性、整体性、协同性，为流域上下游共同开展黄河流域大保护大治理、统筹推进高水平保护和高质量发展，携手将黄河流域建设成为造福人民的幸福河提供法治保障。《黄河保护法》能够完善黄河流域监督管理体制机制，落实生态环境空间管控，实行流域生态环境保护规划，夯实水安全保障、实施生态系统保护与修复、严格管控生态环境风险、改善流域环境质量、明晰法律责任等。

1.3.8.1 水生态安全评价对流域高质量发展的重要性

当前流域大保护大治理过程中，普遍面临着水资源严重短缺、生态系统脆弱、历史欠账较多等，流域生态环境潜在风险高，缺少统一的全流域生态保护与管理协调机制等问题，这就需要通过流域专门立法规范流域上下游绿色协同发展。而立法现状评估是一个必不可少的步骤，流域水生态安全评价能够起到立法现状评估的现实作用。长期以来，流域农业无序生产、能源过度开发的经济社会发展方式与流域资源环境特点和承载能力不相适应等，造成了当前流域生态系统脆弱、经济发展滞后的不良局面。因此，立足黄河长治久安，必须坚持综合治理、系统治理、源头治理，全面科学保障流域水生态安全。通过水生态安全评估，能够防范环境风险，提升风险防控能力和应急环境事件应对能力，最大限度地降低各类环境风险带来的环境影响。同时，需要从流域整体性、系统性以及发展与保护的协调性出发，坚持山水林田湖草生态空间系统治理，明确上中下游生态空间布局、生态功能定位和生态保护目标，强调生态优先、绿色发展，提高发展的包容性，从复合生态系统视角构建流域水生态安全评价指标体系，科学合理开展流域水生态安全评价，协调黄河流域上下游、左右岸各方发展利益关系，推动经济-社会-资源-环境-生态各子系统协调可持续发展，提出切实可行的流域生态环境保护对策，提升流域生态环境风险防控能力，促进流域协同保护与综合管理，推动黄河流域高质量绿色发展。

1.3.8.2 黄河流域综合治理思路

全面贯彻落实习近平生态文明思想，坚持"绿水青山就是金山银山"重要理念，立足黄河全流域整体和长远利益，针对实现黄河流域大保护大治理、高水平保护和高质量发展协同建设需求，以促进全流域资源高效利用、环境质量改善、生态健康安全、经济转型升级、城乡均衡和谐发展为目标，突出全流域生态系统系统性、整体性、协同性保护治理，坚持生态优先、绿色发展，以水而定、量水而行，因地制宜、分类施策，在处理好与其他现有管理制度体系关系的基础上，以黄河流域尺度实施大保护大治理的综合性黄河保护法为依据，为将黄河流域建设成为造福人民的幸福河提供制度保障。一是完善黄河流域监督管理体制机制，形成黄河大保护大治理的长效内生动力。二是夯实生态环境空间管控，科学明确流域生态环境空间管控要求，确保建立生态环境大保护格局。三是建立流域生态环境保护规划制度，为黄河流域持续开展系统保护治理提供管理手段。四是强化水安全保障，针对水资源、水生态等加强保护，为水安全提供坚实保障。五是强化流域生态保护与修复，推进流域上下游协同开展系统性生态系统保护与管理。六是改善流域环境质量，强化水、大气、土壤、生态等要素统筹管理。七是严格管控生态环境风险，推进健全生态环境风险预警与管控体系。八是明晰法律责任，规范流域上下游各部门各主体的权责，明确不同情形下相关环境违法行为的责任归属。实施保障主要为立法工作的推进提供机制和能力等支撑，包括建立立法工作机制、开展立法编制研究、征求社会意见以及开展立法预评估等。

1.3.8.3　流域综合治理和高质量发展遵循原则

在推动流域综合治理和高质量发展实践中，一般遵循以下几个原则：

（1）流域统一保护与综合管理原则。要从黄河流域特征性、整体性出发，系统考虑流域生态系统健康维护要求，充分考量上下游、干支流、左右岸的生态特征，综合考虑社会、经济、自然的需要，以流域为单元进行生态与服务功能统一保护。在开发、利用、保护、治理黄河时，要将流域管理与行政区域管理相结合，明确黄河流域机构规划、管理、监督和协调上的职能职权及应依法承担的职责，实现流域机构与区域地方政府之间的平衡，实现集权与分权的平衡。

（2）流域资源可持续开发利用原则。黄河流域生态系统较脆弱，资源环境严重透支，流域管理应为岸线经济开发利用设置生态红线、资源开发利用上限与环境质量底线，应尊重和体现资源规律及环境生态规律，与经济发展相互协调平衡，确保黄河流域资源的有序、有效和公平开发利用，促进经济、社会和生态的可持续发展，为当代和后人提供最大程度的利益。

（3）流域生态环境损害防范与风险预防原则。黄河流域生态整体脆弱，应坚持防范和预防优先。要从空间资源上做好优化配置和合理管控，通过战略环评等规避结构性、布局性问题。产业发展、开发强度要在生态环境承载力范围之内。从事对黄河有环境影响的规划和工程建设活动的，事前应当采取措施避免或减少其对黄河流域造成的污染和生态破坏。

（4）流域上下游共建共享原则。明晰流域上下游各地区、各部门权责，充分调动各方的积极性、主动性。流域保护治理决策要充分体现社会性、全面性和科学性。建立健全从国家相关部委、地方人民政府、民间生态环境保护机构到企业、公众与社区居民等各利益相关方的参与合作机制，保障多方有效参与黄河流域治理。强化监测监管执法协同，实现黄河流域生态环境信息共享。提高资金使用效益，强化生态环境保护和治理。

1.3.8.4　流域综合治理和高质量发展重点内容

流域综合治理和高质量发展的重点内容主要包括以下几个方面：

（1）完善流域监督管理体制机制。明确黄河流域实行流域管理与行政区域管理相结合的管理体制，行政区域管理及行业管理应当服从流域统一管理。设立由国务院直接管辖的黄河流域管理机构，规定流域管理机构的性质、地位、职能，明晰流域管理机构与上下游各行政区的关系，明确"统一规划、统一标准、统一环评、统一监测、统一执法"等要求，建立黄河流域上下游跨地区、跨部门统筹协调、系统高效的流域综合管理制度。流域内各省级、市级、县级、乡级在本行政区域内的相应水域建立健全河（湖）长制。构建流域内各级党委、政府保护黄河的目标责任制和考核评价制，完善流域信息公开和公众参与制度，完善多元主体共治体系与能力。建立并运行流域生态环境监管平台，建立流域多元化、市场化生态补偿机制，建立环境损害赔偿制度，加强流域内水生态环境保护修复联合防治、联合监测、联合执法。

（2）落实生态环境空间管控。全面落实黄河流域主体功能区规划，明确黄河流域生产、生活、生态空间开发管制界限，明晰管控指标，划定并严守沿黄九省区生态红线，为污染防治攻坚战的胜利实行最严格的空间保护和管控措施。预留必要的生态资源开发利用空间，保障经济社会可持续发展。立足黄河流域内不同地区生态环境及经济社会发展的区域差异性，统筹考虑主体功能区的功能定位，因地制宜实施差别化分类管控要求。落实管控责任，强化生态空间监管能力建设，与"多规合一"空间信息管理平台对接，建立生态环境网格监管体系。

（3）实施流域生态环境保护规划。将编制实施黄河流域生态环境保护规划列入立法要求，通过规划推进黄河上中下游九省区探索富有地域特色、因地制宜的高质量发展路径。三江源、祁连山等生态功能重要地区，重点保护生态，涵养水源，提高生物多样性，创造更多生态产品；河套灌区、汾渭平原等粮食主产区重点发展现代农业，提升农产品质量；统筹大气、土壤、生态等要素，明确对河流污染较重的产业准入与淘汰要求；严格控制湟水河、渭河、汾河等流域造纸、煤炭行业的发展速度和规模，促进黄河流域产业结构调整优化，转变经济发展方式。

（4）夯实流域水安全保障。实施最严格的水资源管理，对各区域用水总量、用水效率等予以明确要求，实施流域用水总量只能减少、不能增加的刚性约束，优先保障黄河干流、大通河、渭河生态流量。推进流域水资源节约集约利用，合理规划人口、城市和产业发展，坚决抑制不合理用水需求，大力发展节水产业和技术，实施全社会节水行动。建立完善的黄河流域水资源分配、水权及水权转让和水量调度机制、入河排污许可制度，以及征收黄河水资源费、水费、水污染补偿费等经济调控和补偿机制。加强对江河、湖泊的防洪排涝、抗旱、调蓄等工作的统筹实施。加强饮用水源地保护，建立黄河流域饮用水源保护区制度，确立划分技术标准要求，明确水源保护区划定界限、水源保护区内环境整治措施及其他有关管理制度与要求，保障流域饮水安全。

（5）推进流域生态系统保护与修复。从生态系统整体性及黄河流域生态系统性保护与修复着眼，统筹山水林田湖草沙等生态要素，充分考虑黄河生态系统上中下游的差异，实施分区分类生态系统保护与修复。上游以三江源、祁连山、甘南黄河上游水源涵养区等为重点，重点提高源头区水源涵养功能；中游地区流经黄土高原，重点强化水土保持与污染治理；下游黄河三角洲地区重点推进黄河滩区治理，构建生态廊道，促进河流生态系统健康，开展河口湿地生态系统修复，提高生物多样性。同时，依托国家"两屏三带"总体布局，优先在流域内国家重点生态功能区全力推进生态屏障建设。

（6）改善流域环境质量。统筹水、大气、土壤、生态等要素管理，将《中华人民共和国水污染防治法》《中华人民共和国大气污染防治法》《中华人民共和国土壤污染防治法》等法律一般性要求与黄河流域实际结合，提出针对性更强、更为精细化的管理要求，包括汾河等污染较重河流的产业准入与淘汰要求、排污总量控制、污水处理及管理、劣Ⅴ类断面治理、畜禽养殖污染防治、灌区农业面源综合整治；强化汾渭平原、京津冀及周边地区大气污染传输通道城市大气污染防治等。

（7）严格管控流域生态环境风险。对可能发生的生态环境风险事故及其危险因素依法进行监测、环境影响评价、分析、预测、预警等。强化流域生态环境风险防范，建设并运行流域突发环境事件监控预警体系。建立应急机制与完善应急预案体系，明确应急协作的工作程序与协调机制，建立应急联合调度制度，规范信息发布等。经过主管行政机关批准的有可能给黄河带来环境损害的活动，应采用最佳的、可行的技术，将环境损害降到最低程度。

（8）明晰法律责任。明确规定各种违反黄河保护法的行为及相应承担的法律责任，包括非法排污、非法占用岸线资源等。着重规范生态环境损害评估鉴定与赔偿，确立污染损害赔偿的无过错原则。建立流域污染诉讼公益人制度。对于行政机关人员、相关单位及个人未尽职责、超越职责以及滥用职权的行为，依法承担法律责任，包括行政处分责任、行政处罚责任以及民事赔偿责任乃至刑事责任。

黄河流域经济发展相对滞后，从中华民族长远利益来看，必须考虑长治久安，走生态优先、高质量发展之路，使绿水青山产生巨大的生态效益、经济效益和社会效益，使母亲河永葆生机活力。遵照习近平总书记号召，落实黄河流域生态保护和高质量发展，即既要保护又要发展。从马克思主义哲学观来看，两者有矛盾的对立统一性，可以统一为在保护中开发和在开发中保护，最终实现生态保护与高质量发展双赢。黄河流域水资源供需矛盾日益加剧、生态环境退化、经济发展滞后，根本原因是没有理顺水与经济社会发展的关系、水与生态系统中其他要素的关系。一方面，对整个流域水循环和生态系统演化对气候变化和人类活动响应机制的认识有局限性，导致决策的科学依据不足；另一方面，当前的水资源开发和生态环境保护策略只是针对区域存在的特定问题，尚未在全流域形成水资源、生态保护和经济协同发展的统一战略与布局，这些问题均有待深入研究。因此需要加强黄河流域水-生态-经济协同发展策略与关键技术研究，阐明黄河流域水资源-生态-经济可持续发展面临的生态、经济和水问题，梳理黄河流域水-生态-经济可持续发展、资源-能源-水之间的复杂关系；基于水资源承载力，全面研究生态保护及高质量发展方略与技术，支撑黄河长治久安。

1.3.9　水生态安全评价与水危机

2023 年 3 月，联合国教科文组织和联合国水机制共同发布《联合国世界水发展报告》，指出全世界有 20 亿～30 亿人身处缺水困境，如果不加强这一领域的国际合作，缺水问题在未来几十年内将愈演愈烈，城市地区尤甚。报告强调，只有和衷共济才能统筹兼顾，通过可持续的水资源管理来保障水、粮食和能源的安全，向所有人提供清洁饮用水和卫生设施服务，为人类健康和生计提供支持，减轻气候变化和极端事件的影响，维持和恢复生态系统及其提供的宝贵服务，这些都是巨大且复杂的难题。保障水生态安全，积极应对水危机已经成为各国普遍的共识，水生态安全评价相关研究也日益成为一个研究热点。

1.3.9.1　水危机红色警报

古希腊哲人泰勒斯认为"水是世界的本原"，他不仅揭示了纷繁复杂的世界的本质是"一"，而且揭示了这个"一"就是"水"。地球是一颗蓝色的星球，其表面 72% 的面积被水所覆盖，水是将地球成就为人类家园的最重要的资源和物质。人类文明最早诞生的 4 个地区——古巴比伦、古埃及、中国、古印度无一不是发源在丰富水源的附近。有水的地方，才会有肥沃的土地，才会为人类繁衍生息提供便利、提供足够的水去发展农业，兴起商业。但是，随着人类社会的不断发展，人类赖以生存的水资源已经发出安全预警，地球正在逐渐干枯，水安全威胁成为挑战人类的重大非传统安全威胁，水危机时代来临了。

1. 何谓水危机

美国国际关系学者约瑟夫·奈（Joseph Nye）曾经用空气来比喻"安全"，说安全如空气，有的时候人们不重视它，没有的时候则致人以命。当今时代，同样也可以用水来比喻"安全"，没有水的安全就难以有人的安全。如今人们重视水安全，在安全概念之前直接放上前置词"水"，不仅是因为水（短缺、质差、洪灾及跨界冲突等）直接影响人的生存，而且还因为水与土壤、粮食、气候等相关而多方面地影响国家的发展。水看似无处不在，储量丰富，高达 13.86 亿 hm^3，但人类可以享用的淡水资源却不是取之不尽用之不竭的，它在数量上具有稀缺性。地球上的水大约有 96.5% 是不适于饮用和灌溉的碱水，只有 2.53% 的水为淡水，总量大约为 3500 万 km^3。同时，在这不多的淡水资源里，有 68.7% 位于两极冰盖和高山冰川中，以冰川、永久积雪和多年冻土的形式存在。

水在地球上的分布也是不均衡的。作为淡水资源的主要蕴藏者河流，其全球年径流总量中，亚洲占 31%，南美洲占 25%，北美洲占 17%，非洲占 10%，欧洲占 7%。若以国家为单位统计：巴西排名第一，占 21%（仅一条亚马孙河就占了全球年径流总量的 16%），超过第二名俄罗斯（10%）一倍以上；中国占 5.7%，加拿大占 5.6%，美国占 4.4%，印度占 3.8%，刚果（金）占 2.3%，哥伦比亚、委内瑞拉、孟加拉国和缅甸各占 2%，以上 11 个国家拥有全球年径流总量的 60% 以上，而约占世界人口总数 40% 的 80 多个国家和地区却处于缺水状态。

水不同于原油，是一种不可替代性的资源。水是地球上所有生命所不可缺少的，也是人类社会经济发展的关键，尽管在某种程度上可以再生，但并不是取之不尽的，它正在变得稀缺，可利用的水资源正在缩减。水已经成为影响国家内部、地区和国际政治的因素。联合国早在 1977 年的世界水会议上就开始关注全球的水危机问题。那么，到底什么是水危机？水资源的构成包括水质和水量两个要素，水质的好坏与水量的多少直接决定着水资源的可持续利用价值。因此，水危机通俗来讲就是水的自然循环过程和系统受到破坏，导致水质和水量无法满足国民经济和社会可持续发展需要的状态，对国家利益和人类生存形成威胁。水危机从本质上讲是一种因水质和水量的变化而产生的非传统安全问题。

随着气候变化的影响以及人口的持续增多，获取水资源已经逐渐成为一个事关"生或者死"的问题。在 2012—2017 年的世界经济论坛的全球风险评估报告中，水危机已经连续 6 被列为对全球影响最大的五大风险之一。水既可以成为冲突的引子，也可以成为地区和平的纽带，如何妥善处理水资源的使用与分配，决定了人类的未来是和平还是冲突。

2. 全球水危机现状

整体上讲，随着全球人口的持续增加、全球气候变暖影响的不确定性，全球水资源的供应情况已经非常严峻。美国对外援助署发布的数据显示，截至 2010 年，全球约 7.8 亿人口缺乏足够的饮用水，25 亿人没有安全的水卫生环境。联合国教科文组织 2009 年发布的《世界水资源开发报告》中也指出，人类对水的需求正以 64 km^3/年的速度增长，到 2030 年，全球将有 47% 的人口居住在用水高度紧张的地区。联合国教科文组织在 2010 年的"世界水日"发布的数据显示，水质恶化已经严重影响到地区生态环境和人类健康，每年全球死于水污染的人数多于战争等各种暴力冲突死亡的人数的总和。据联合国《世界水发展报告（2016）》的数据统计，到 2025 年，全球大约有 48 个国家和地区的 28 亿人将面临水资源压力或缺水状况，其中 40 个国家和地区在西亚、北非；而到了 2050 年，受到水资源短缺威胁的国家和地区将会增加到 54 个，受波及的人口数量将会占到全球人口的 40%，达 40 亿人，其中 23 亿人将处于极度缺水的境地，尤其是北部和南部非洲以及南亚和中亚地区。

非洲地区的水危机现象尤为严重。在当今世界上，约 8.84 亿人无法获得安全的饮用水，其中大部分人生活在非洲。虽然非洲大陆的淡水资源占全球总量的 9%，但撒哈拉以南非洲地区是全球水资源形势最为严峻的地区之一，提供安全、清洁的水源和用水设施也是这一地区面临的艰巨任务。非洲水事部长理事会执行秘书白马斯·塔尔曾表示，目前非洲有 3.4 亿人喝不到清洁的水，5 亿人生活在卫生条件很差的地区；水资源短缺，已经成为威胁非洲人民生存的主要危机之一。如果不及时采取措施，到 2050 年南非的水资源将会枯竭。

亚洲的水资源形势状况同样不容乐观。据亚洲开发银行 2016 年发布的水安全报告显示，在拥有全世界 67% 人口和 1/3 经济总量的亚洲，八成国家的水质环境处于危险境地，到 2030 年，亚洲的水资源的供给只能满足 40% 的需求。到 2050 年，预计 34 亿人口将面临严峻的水压力。如果水危机的问题得不到解决，亚洲的经济增长"有可能因此而减缓"。在"水比油贵"的中亚，咸海面积不断萎缩，各国赖以生存的两大主要河流阿姆河和锡尔河，以及巴尔喀什湖水体水质污染严重，水量的短缺和水质的污染已成为制约该地区发展的重要障碍。而在南亚，印度的水资源只占全球的 4%，却需要养活全球 16% 的人口。在可用水方面，印度在 180 个国家中排名第 133 位，水质方面在 122 个国家中排名第 120 位。由于人口增长较快，印度人均占有水资源由 1990 年的 2451m^3 将降至 2025 年的 1389～1498m^3，逐渐步入用水紧张的阶段，中南部地区会出现严重持续性缺水。到 2050 年，印度常年的总耗水量预计将从目前的 634km^3 增加到 1180km^3，可供饮用的人均水量将不到 2001 年的一半，水危机正在步步逼近印度。在巴基斯坦，民众严重缺乏饮用水，已导致多人死亡，其中大多数为儿童。《水：亚洲的新战场》一书作者告诉世人：如果说人们在昨天是为土地而发动战争的话，那么今天正在为能源而战，然而在明天则将是为水而战。该书作者特别指出：在亚洲，需要通过预防性外交来避免即将来临的水战争，水将是亚洲国家之间新的战争分界线。

3. 气候变化加剧水危机

气候变化是加剧全球水危机的一个关键性因素。全球气候在过去 100 多年经历着以全球气候变暖为主要特征的显著变化，1880—2012 年，全球平均地面气温上升了 0.65～1.06℃，预计 2016—2035 年将升高 0.3～0.7℃，2081—2100 年将升高 0.3～4.8℃。作为人类社会发展不可取代的资源，"水是气候的产物"，水资源是气候系统五大圈层长期相互作用的结果，同时又会受到人类活动的严重干扰和影响。气候的异常与变化会对水循环的更替期长短、水质、水量、水资源的时空分布和水旱灾害的发生频率与强度产生重大影响。2012 年，联合国水机制和联合国教科文组织发布的《不稳定及风险情况下的水资源管理》报告中指出，气候变化与水资源冲突存在直接关系，气候变化对全球水资源供应造成越来越大的压力，如果水资源危机不能及时解决，将会导致各种政治不安全和各个层面的冲突。根据联合国政府间气候变化专门委员会（IPCC）的第六次评估，气候变化导致更强烈的热浪、更多的降雨和其他极端天气，进一步增加了人类健康和生态系统面临的风险。气候驱动的粮食不安全和水不安全，预计会随着气候变暖的加剧而愈发严重，当风险与流行病或冲突等其他不利事件相结合时，相关工作变得更加难以管理。

气候变化对水资源安全的现实性影响已经开始凸显。在 2000—2010 年，随着全球气候变暖，非洲地区多数国家连续出现全年少雨或无雨状况。《科学》杂志 2009 年发表的一项研究报告指出，非洲的河流对降雨量的变化非常敏感，降雨量的略微减少都可能导致河流流量大幅减少。非洲河流流量的减少甚至干涸，将导致 1/4 的非洲大陆在 21 世纪末处于严重缺水状态。而气候变暖会导致冰川消融，由此加剧亚洲的水危机的现状。据相关研究显示，喜马拉雅山冰雪消融的径流系统将在 2050—2070 年达到峰值，此后其年度平均流量的衰减将在 1/5～1/4。如果按照这项研究推算，届时，依赖青藏高原冰川融水供给的许多条东南亚和南亚河流将遭受有效水资源减退的威胁，季节性水资源短缺的局面可能会突然降临，美国伍德罗·威尔逊国际学者中心的环境与安全计划主管乔费杰弗里·达贝克（Geoffrey Dabelko）表示，中国、印度、巴基斯坦、孟加拉国和不丹近 20 亿人将会因青藏高原冰川消融导致的水流减缓而面临水资源的短缺。例如，恒河一旦缺少冰川的补给，每年的 7—9 月的流量将减少 2/3，将导致 5 亿人和印度 37％的农田面临水资源短缺的威胁。

1.3.9.2　水危机的应对：合作与治理

1. 国际合作与地区治理

如何应对水危机已经是一个国际问题，合作开展治理被国际社会视作一种最为理性和有效的路径。绝大多数国家和地区认为、将公平、合理、有效地使水资源，保证未来的可持续发展作为重要的战略考虑，在必要而合理的范内，联合起来对公平利用水资源的行为进行政策、法律和机制上的规定，会有助于水危机的解决、水安全的获取与维护。

在全球层面，以联合国系统为代表的国际组织通过建立相关的协调机来推动国家之间在水资源管理和使用上的讨论、合作与信息共享，促进全球和区域在活动与发展方面相互支持。比较有代表性的是联合国水机制和世界水论坛两大多边机制。

联合国水机制通过定期发布《联合国水机制报告》和《世界水资源开发报告》，对全球淡水资源现状进行综合评议，监督并报告国际水资源方面取得的进展。联合国水机制通过向直接处理水问题的政策制定者和管理者以及在使用水资源方面具有影响力的其他决策者和公众提供信息，并提供一个平台在全系统内展开讨论，甄别全球水资源管理的挑战，分析应对这些挑战的备选方法并确保在全球水资源政策辩论中能够运用可靠的信息和正确的分析。

世界水论坛是目前全球规模最大的国际水事活动，从 1997 年起每 3 年举办一次，在每次的世界水论坛上，各国政府汇报本国与国际社会有关水与可持续发展问题的决议的进展，交流水资源可持续利用方面的经验，明确各自在水资源领域的政治承诺和重要举措，最大限度地缓解水危机，提升水资源安全。

除了全球层面的协调与交流外,地区层面的合作治理是应对水危机的主要途径。地区内部的国家通过协调(信息交流与共享)、协作(制定条约和行动规则)、联合行动(设立共同的管理机构)等方式在水质、水量分配、洪水防控、水力发电、基础设施、合作管理等方面进行互动与合作,通过技术和资金的合作投入开展专项治理,提升整体应对水危机和水安全保障的能力。例如,在中亚地区,1993年1月,乌兹别克斯坦、哈萨克斯坦、吉尔吉斯斯坦、塔吉克斯坦和土库曼斯坦五国成立"拯救咸海国际基金会",在联合国、世界银行、亚洲开发银行等国际组织的帮助下,寻求解决咸海生态问题的办法。迄今为止,该基金会已经开展了3个专项计划,完成了几百个工程项目,对于咸海的生态保护起到了积极的作用。

2. 发达国家与对外水援助

水危机应对的关键是需要提高全球、地区和国家层面的水资源治理能力,而水资源治理能力的提升则需要先进的科学技术、充沛的资金以及大量的专业人才的可持续性投入。水危机的发生国多为发展中国家或欠发达国家,在资金、技术和人才上非常欠缺。以美欧为首的发达国家从其政治目的出发,将帮助水危机严重的国家提高水安全保障能力列为外交战略的一部分,并对其开展相应的水援助行动。

目前欧盟已经在全球范围内介入发展中国家的水治理事宜,与水相关的项目涉及全球60多个国家,2004—2013年,欧盟共投入约22亿欧元用于援助28个国家的水项目,其中65%的项目集中在"非加太国家",周边邻国占22%,亚洲国家占5%,拉丁美洲国家占4%,欧盟如此投入的结果是超过7000万人的饮水条件和2400万人的卫生环境得到改善。在美国看来,只有美国具有足够的技术、资金和政策领导力来提供必要的水相关的国际公共产品,推动水危机的解决和水冲突的预防。为此,美国积极投入全球范围内的水治理活动。美国每年都要花费大笔的资金,用于援助水危机严重的非洲、亚洲和中东地区,以2013年的美国国际开发署(USAID)的水项目开展为例,当年共计投入5.24亿美元,其中对于非洲的水援助项目占50.2%,高达2.63亿美元;亚洲占22.6%,达1.18亿美元;中东占11.0%,为0.58亿美元。根据USAID公布的2003—2015年的水预算分配情况,其援助的领域主要为涉及饮用水和清洁卫生、水资源管理、水生产率和降低灾难风险四大关乎一国和地区水资源安全的领域。2003—2015年,USAID用于水援助的资金平均每年为5亿多美元。虽然美国的对外水援助有着鲜明的政治目的,但是客观上缓解了亚非地区水危机造成的消极的社会效应,推动了水资源治理能力的提升,改善了水资源安全状况。

1.3.9.3 中国方略:绿色治理与人类命运共同体

中国涉及的跨界河流众多,对这些河流的合理利用和协调管理影响着与15个毗邻国间的睦邻友好关系、30个跨境民族的生产生活,以及超过2.2万km陆地边界的维护与管理。由于跨界河流在地理上处于边境地带,其引发的问题复杂而多样,既与历史纠纷相缠绕又与现实利益相关切,呈现出传统安全威胁与非传统安全威胁的相互交织性。中国政府站在人类历史发展进程的高度,提出了意义深远的人类命运共同体思想,并通过"一带一路"倡议践行之。这是中国为全球治理与国际和平奉献的中国智慧,是对于"建设一个什么样的世界、如何建设这个世界"提出的创新性中国方案。"一带一路"倡议的根本目的就是要与全球各国和地区共同打造利益共同体、责任共同体和命运共同体，携手国际社会应对和解决发展过程中的挑战，合力抓住新时代赋予的历史机遇，共同推动彼此发展。在应对全球水危机的挑战问题上，中国作为负责任的大国对内推动国内水危机的解决，并未雨绸缪，走绿色可持续发展之路；对外实施"一带一路"倡议，推动合作国家的水资源安全保障能力的提升，推动水资源安全治理。

1. 对内：走绿色可持续发展之路

中国是水资源丰富的国家之一，淡水资源总量占全球水资源的6%，但人均只有2300m³，仅为世界平均水平的1/4，在193个国家和地区中，中国的人均水资源量居143位，是世界上公认的13个缺水国家之一。中国660多个城市中有400多个城市存在不同程度的缺水问题，其中有136个城市缺水情况严重。除了水量的短缺之外，水质污染是中国水危机的另一大表现。《2015年中国环境状况公报》显示，中国七大水系中Ⅳ类以下水质就占27.9%。2016年黄河流域水资源总量为602亿m³，水资源开发利用率为59.2%，远超40%的生态警戒线。工业污染尚未得到全面有效控制，城镇生活污水处理设施负荷率偏低，部分支流水环境质量仍然较差。黄河流域145个国控断面中仍有13.8%的断面劣于Ⅴ类，主要分布在汾河、涑水河、大黑河等。其中汾河流域为重度污染，劣Ⅴ类断面比例为61.5%。因此，中国在全球治理中的重要贡献是有效地应对国内的水危机。

现在，水安全已经上升为中国的国家战略。习近平总书记指出，河川之危、水源之危是生存环境之危、民族存续之危。《水利改革发展"十三五"规划》确立了到2020年，基本建成与经济社会发展要求相适应的有利于水利科学发展的制度体系，显著增强国家水安全保障综合能力的目标，树立了"以人为本，服务民生；节约供水，高效利用；人水和谐，绿色发展"的基本原则。中国一方面通过加强水利基础设施建设、实施水资源的国内合理调配，另一方面大力建设节水型社会，走绿色可持续发展之路。2015年4月，中共中央、国务院发布《关于加快推进生态文明建设的意见》，将生态文明建设融入"五位一体"的各方面与全过程中，并首次提出了"绿色化"，将"四化"变为协同推进"五化"，即新型工业化、城镇化、信息化、农业现代化、绿色化。习近平总书记在联合国日内瓦总部的《共同构建人类命运共同体》的讲话中指出："坚持绿色低碳，建设一个清洁美丽的世界……遵循天人合一、道法自然的理念，寻求永续发展之路……倡导绿色、低碳、循环、可持续的生产生活方式，平衡推进2030年可持续发展议程，不断开拓生产发展、生活富裕、生态良好的文明发展道路。"可以说，走绿色可持续发展之路必将对于中国水资源安全治理和水危机预防起到积极作用。

2. 对外：推进"一带一路"倡议的实施

从"一带一路"倡议的实施来说，环境安全是打造利益共同体、责任共同体和命运共同体的支撑性基础。"一带一路"倡议的实施是一个庞大而复杂的大工程，投资总规模或高达6万亿美元，涉及全球众多国家。其中，参与"一带一路"倡议的很多国家都面临程度不同的水资源安全问题，水危机对于这些国家的经济发展和国内安全的挑战十分巨大。实施"一带一路"倡议，协助对象国推动水资源安全治理，解决发展中的水危机挑战，提升水资源安全保障能力，是中国参与全球治理，构建利益共同体、责任共同体和命运共同体的重要内容。

中国通过技术和资金投资的方式，推动对象国水利基础设施建设，包括水资源的储存和供应系统，国家内部地区之间的水分配和调水网络及输水管道，饮用水、废水和雨水基础设施，洪水控制措施（包括堤坝、水坝、防洪堤和港口等），以及洪水准备措施（如蓄水储存），以改善对象国的水资源不足的状况。"一带一路"倡议实施以来，中国凭借强大的集成整合能力，在"一带一路"沿线国家建设了多座"三峡工程"：几内亚凯乐塔水电站、尼泊尔上马蒂水电站、马来西亚沫若水电站和苏丹麦洛维水电站等。截至 2016 年 3 月，中国电力建设集团在"一带一路"沿线承担在建工程项目共计 329 个合同总额约 230 亿美元。在建项目数量主要集中在巴基斯坦、孟加拉国等水资源稀缺的国家。截止到 2018 年 9 月，中国电力建设集团在孟加拉国的在建项目已达到 14 个，项目总额达 47 亿美元。中国长江三峡集团有限公司的中国水利电力对外公司（英文简称 CWE），它是中国长江三峡集团有限公司的全资子公司，在"一带一路"沿线的老挝、马来西亚、菲律宾、印度尼西亚、巴基斯坦、尼泊尔、哈萨克斯坦、马其顿、塞尔维亚、肯尼亚等近 20 个国家设有驻外机构或项目部，成功建设多个在双边经贸关系中具有重要地位的大型水利水电项目，拥有在建投资和国际工程承包项目 20 余个。水利投资项目已经成为"一带一路"倡议实施的重要内容，单是在巴基斯坦一国，中国就投资 500 亿美元用于印度河流域水库项目的建设。

除了基础设施项目的建设之外，中国的技术类投入也在增加。中国日益重视技术性因素在水利合作中的应用，注重帮助对象国提升水资源管理的能力。例如，通过有意识地在水文气象学、地理信息系统、监测控制和数据获取系统、远程感应等方面加强技术类投资，帮助对象国政府更好地管理水资源和水卫生系统，通过这些系统的建设，更好地搜集数据，预测水资源使用战略可能带来的后果，提升水资源利用效率，协助水资源管理战略、合作管理战略和利用战略的调整和制定，从而可以更有效地应对水危机。

随着中国综合国力和国际影响力的不断提升，中国必将在全球治理中扮演起更为重要的角色。大力实施"一带一路"倡议，努力构建人类命运共同体，是中国向国际社会提供的全球性公共产品，这对于包括水危机在内的全球挑战的应对必将起到积极作用。

1.3.10　我国水生态安全方面建设成就

我国流域水生态安全建设领域目前已经取得了一定的成就[35]。用水结构优化，用水效率及水质不断提升。用水结构明显优化，生态和生活用水所占比例有所上升，农业、工业用水比例有所下降。

2022 年，全国降水量和水资源量比多年平均值偏少，且水资源时空分布不均。部分地区大中型水库蓄水有所减少，湖泊蓄水相对稳定。全国用水总量比 2021 年有所增加，用水效率进一步提升，用水结构不断优化。

2022 年，全国平均年降水量为 631.5mm，比多年平均值偏少 2.0%，比 2021 年减少 8.7%。全国水资源总量为 27088.1 亿 m^3，比多年平均值偏少 1.9%，比 2021 年减少 8.6%。其中，地表水资源量为 25984.4 亿 m^3，地下水资源量为 7924.4 亿 m^3，地下水与地表水资源不重复量为 1103.7 亿 m^3。

全国统计的 753 座大型水库和 3896 座中型水库年末蓄水总量比年初减少 406.2 亿 m^3，

其中长江区大中型水库蓄水总量减少 401.3 亿 m³。监测的 76 个湖泊年末蓄水总量比年初减少 18.1 亿 m³。年末与上年同期相比，43.9％的浅层地下水水位监测站、57.9％的深层地下水水位监测站、48.7％的裂隙水水位监测站、42.6％的岩溶水水位监测站，水位呈弱上升或上升态势。

全国供水总量和用水总量均为 5998.2 亿 m³，较 2021 年增加 78.0 亿 m³。其中，地表水源供水量为 4994.2 亿 m³，地下水源供水量为 828.2 亿 m³，其他（非常规）水源供水量为 175.8 亿 m³；生活用水量为 905.7 亿 m³，工业用水量为 968.4 亿 m³，农业用水量为 3781.3 亿 m³，人工生态环境补水量为 342.8 亿 m³。全国用水消耗总量为 3310.2 亿 m³。

全国人均综合用水量为 425m³，万元国内生产总值（当年价）用水量为 49.6m³。耕地实际灌溉亩均用水量为 364m³，农田灌溉水有效利用系数为 0.572，万元工业增加值（当年价）用水量为 24.1m³，人均生活用水量为 176L/d（其中人均城乡居民生活用水量为 125L/d）。按可比价计算，万元国内生产总值用水量和万元工业增加值用水量分别比 2021 年下降 1.6％和 10.8％。

第 2 章

流域水生态安全评价基础理论及技术方法

水生态安全是水生态系统处于健康可持续发展状态[130]，水生态安全的对立面是水生态资源胁迫、水环境破坏、水生态损害，其生态环境的状态或变化偏离人类生存和发展必备条件或容忍阈值，对区域、国家的发展造成障碍、威胁，甚至招致生命的损亡，对社会经济造成严重破坏甚至崩溃[26]。由于水生态安全研究是水科学、生态学、安全科学、环境科学多学科交叉领域，对其概念的理解不同的学科背景认识有所不同[46-52]，本书着重从生态学视角，从以水为主线的复合生态系统角度，结合 PSR 因果逻辑分析，阐释水生态安全评价机理，加深对水安全问题的理解。

2.1 基于复合生态系统框架的水生态安全再定义

2.1.1 水生态系统

从水安全、生态安全、水生态安全三者之间的概念上来看，水生态安全是生态安全研究内容的一部分，是水安全内容的深化与延伸。在水安全研究中着重从水质、水量、水灾害、水管理等层面上"就水言水"解决水问题，由于当前经济发展的需要，从单一层面去解决水问题时已经明显存在一些短板，尤其在避免出现系统性水危机问题方面，而这恰恰是我们最为关注的问题。生态安全提供了系统综合解决问题的方法，在生态安全研究中，以生态系统为研究对象，注重从经济、社会、自然层面综合解决问题，提出系统性解决方案，但在解决水问题时该概念又明显过于宽泛，不适于水问题的解决[21-24]。

李佩成[130-132]认为，水生态系统是在研究水安全问题时，从水的视角审视水系统和生态系统，两者相互依存，互为影响，并与周围生态系统有着密不可分的耦合性关系。冯国章等[133-134]认为，水生态系统由水文系统和生态系统复合而成，集水文循环、生态进化及其共同的自然环境和人工环境于一体的，具有耗散结构和原理平衡态的、开放的、动态的、非线性的复杂系统。

由此可以看出，水生态系统是在研究水问题的过程中提出的，是一个以水为主线的复合生态系统，它是水生态安全研究中的研究对象，提出水生态系统的目的有两个：一是为了强调，考虑水安全问题的侧重点是以水为主线的生态系统结构和功能，相对弱化了对生态系统其他组分的关注；二是该复合生态系统在考虑生态系统的结构和功能的时候，重点考虑人及其他活动对其他结构组分的影响，或与其他结构组分的互动，包含了以水为主线

39

的自然系统、经济系统、社会系统三部分。自然界一定空间的人类与自然之间相互作用、相互制约、不断演变，水的利用达到动态平衡、相对稳定的统一整体，这从复合生态系统视角建立水生态安全评价指标体系奠定了基础。

2.1.2 基于复合生态系统框架的水生态安全再定义

水生态安全的内涵涉及经济、社会、资源、环境、生态等子系统，又涉及回顾评价、现状评价、预测评价等时间因素（过去、现状、将来），同时也体现了对水生态安全状况所做出的实际反应，这个过程也是复合系统发生功能变化的过程。但是，当前所建立的水生态安全评价指标或者指标体系均是从单独的或者某一角度进行论述，想要完整准确把握水生态安全的内涵，构建一个系统的、综合的，能够体现水生态安全受领域维、影响维和时间维三方面综合作用的评价体系具有重要的实践意义，该体系框架如图2-1所示。在这个水生态安全评价指标体系框架涉及了经济、社会、资源、环境、生态5个方面，它们的影响既有正面的，又有负面的，将其作为领域维（子系统），即流域水生态安全系统是"经济-社会-资源-环境-生态"为一体的动态系统。从流域的发展过程来看，该框架反映了流域在"过去""现状""将来"不同时段所处的状态，将其作为时间维，水生态安全在时间上体现了将来和现在的统一，强调了可持续发展的思想。同时将经济社会活动对水生态系统造成的影响，对资源环境造成的"压力"，形成了水生态安全"状态"及人类所做出的"响应"，

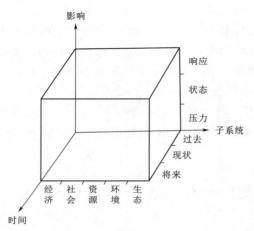

图2-1 基于复合生态系统框架的
水生态安全评价体系

将其作为影响维。

基于W-SENCE-PSR框架的水生态安全评价体系包含了水生态安全的社会子系统、经济子系统、环境子系统、资源子系统、生态子系统的相对安全，同时也包括原因-结果-对策逻辑中各子系统相互关系的安全。水生态安全是影响维（基于PSR体系）、领域维（基于W-SENCE系统）、时间以及安全主体的函数。从人与自然复合生态系统的相互作用来看，水生态安全的概念既包含相对状态安全（W-SENCE系统：组成水生态安全的各组成要素的相对安全），又包含相互关系安全（PSR系统：各组成要素间因果关系，压力-状态-响应处于安全状态），是关于时间的连续函数，应该从时间动态角度理解水生态安全。水生态安全演变过程在于水的相互作用关系安全（PSR系统）及相对状态安全（W-SENCE系统）因素情况的发展，因系统相对状态及相互关系自身演变的存在，就导致了安全状态或者不安全状态。如图2-2所示，如果某一区域S同时受到水生态系统相对状态安全因素Z（SENCE系统）和相互作用关系安全因素R（PSR系统）的影响，即空间维S_{ZR}，它主要是受到状态安全因素、相互关系安全因素或者是二者的共同因素的影响；S_{ZR}受到的安全影响主要是它自身在水活动中产生的一些问题，同时也受到周围区域对它的影响。区域S_{ZR}，对其他产生的影响就包括直接影响、其他区域的相对状态安全因

素 Z、相互关系安全因素 R 的影响。

人类活动对水生态安全的影响随着时间的变化而变化，这个发展变化的瞬间可以用一个截面，如图 2-2 中 S_{ZR} 这个空间截面来表示，水生态安全的空间是指水生态安全受区域水生态安全状态安全因素 Z、相互关系安全因素 R 共同影响，随时间 T 发展变化过程的分布区域。它强调了区域水生态安全问题的产生及在区域上的传递过程，是了解和分析区域水生态安全演变机理的基础。

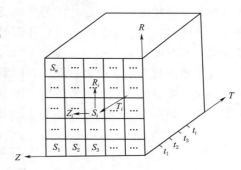

图 2-2　水生态安全空间概念

运用基于 W-SENCE-PSR 框架的水生态安全体系来指导水生态安全评价过程，用于指标筛选，限定指标范围。时间维体现了指标在时间上的变化过程；领域维确定了指标优选的具体指标范围，从以水为主线的经济子系统、社会子系统、资源子系统、环境子系统、生态子系统 5 个方面初选指标。在指标范围确定后，具体指标筛选还需要分析指标的因果关系（压力-状态-响应），协调确定优选指标。最终所确定的基于 W-SENCE-PSR 框架的水生态安全评价指标体系达到了影响维、领域维与时间维的协调统一。

水生态安全是以人为本的战略性概念，目的是为了实现人水和谐，指国家、区域等层面内水能够支撑人类经济社会发展需求，既要防止因水问题对经济社会可持续发展能力的削弱，又要防止发生系统性水危机。

2.1.3　流域水生态安全演变趋势及调控机理

由于水生态安全的动态性特点，绝对的水生态安全状态从科学意义上来讲是不存在的，它是一个随着时间不断发展变化的过程[12]。水生态安全不是某一瞬间导致的结果，它是以水为主线的经济-社会-自然复合系统在某一时段过程状态的描述，是一个动态过程。图 2-3 为水生态安全"态势"变化过程原理，时间从 T_0 到 T，水生态安全状态从初始状态 A_0 向预期状态 A 演变，这种随时间由一种状态向另一种状态变化的过程就是水生态安全状态的演变，它是关于时间的连续函数。

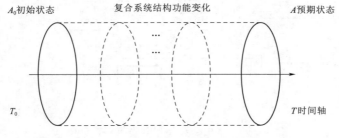

图 2-3　水生态安全"态势"变化过程原理

水生态安全预期状态 A，可能是安全状态，也可能是不安全状态。在水生态安全演变的过程中，关注的不仅是水生态安全的当前状态（A_0），更加关注的是其今后一段时间

（5 年或 10 年）的水生态安全状况该如何演变，安全状况是越来越好还是越来越恶化了，在水生态安全状况向发生恶化的趋势演变前，需要通过预警理论及时响应，控制不良演变趋势，调控水生态安全状况，这也体现了水生态安全"以人为本"的特点，是开展水生态安全研究的现实意义。

　　人类经济社会活动或者自然灾害因素可以直接或间接的通过与水有关的复合生态系统中的物质、能量、信息等要素传递（图 2-4），使得水生态系统功能受到威胁，从而危害人类生产生活用水安全，甚至危害生存发展。

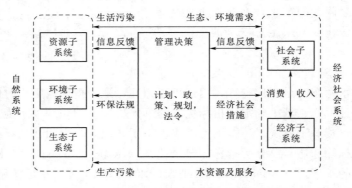

图 2-4　水生态安全 SENCE 系统调控机理

　　由于这个复合生态系统在与人的响应过程中（图 2-5），具有自我修复能力，消除已经识别的灾害要素或者及时采取了调控举措，将危险化解或者延缓了影响，保障了这个复合水生态系统向着安全状态演变，而不会由当前基准状态发生突变。这个过程中，人的响应、人为调控起了很大作用，避免了安全状态的突变。因此，如果掌控了复合水生态系统的相对状态安全和相互关系安全，防止危害发展，就能够调控水生态安全的演变过程。

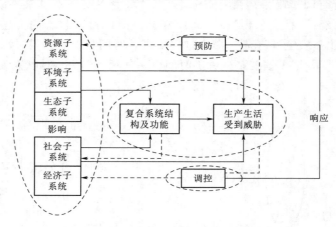

图 2-5　水生态安全 PSR 系统调控机理

　　从表面上来看，水生态安全调控是人为的主观调控过程，是人们通过对复合生态系统内部进行修正的措施，是将自然循环恢复、维持和强化的过程，以便于实现与社会经济的有机结合，最终在经济子系统-社会子系统-资源子系统-环境子系统-生态子系统之间形成互相融合的良性循环状态，并在体制与机制上予以变革，使整个系统良性循环状态得以巩固和持续发展。但是从内在本质来看，水生态安全调控是包括客观规律和人为干预的过程。因此，水生态安全调控是在遵循规律的前提下，人类根据自身的需求对生态安全实施调节和控制。

2.1.4　复合生态系统框架的特点

基于 W - SENCE - PSR 框架的水生态安全研究对象是水生态系统，这个系统与马世骏提出了"社会-经济-自然复合生态系统（SENCE）"有紧密联系。马世骏提出的这个系统是以人为主体的社会、经济和自然生态系统在特定区域内通过协同作用而形成的复合系统，是人与自然相互依存、共生的复合体系。魏冉[135]、钦佩等[136] 认为，自然、环境、资源、人口、经济与社会等要素之间存在着普遍的共生关系。W - SENCE 概念框架是 SENCE 概念框架的细化，是一个以水为主线的经济-社会-自然复合生态系统。

（1）该框架模型的建立遵循生态学基本原理，接受生态学原理指导。从复合生态视角结合因果逻辑关系分析看待人水和谐问题，应认识到以下几点：一是虽然地球上的水量很大，但能直接被人们生产生活利用的却很少，水资源是有限的，只有守护好这个以水为主线的水生态系统，才能实现人水和谐；二是必须要尊重自然规律，水生态安全评价的目的就是分析水问题演变规律，运用规律实现水生态安全的调控；三是内陆河流域的水生态系统非常脆弱，尤其要注重保障流域水生态安全，避免系统性水危机的发生。

（2）该框架模型的系统性和综合性。以水为主线的社会-经济-自然复合生态系统理论（W - SENCE - PSR）概念框架中，水生态安全是以水为主线的经济、社会、自然系统相互作用耦合形成的统一体，是环境和人类活动及历史发展过程相互作用的产物。

（3）该框架模型具有明显的水的特点和属性。以水为主线的复合生态系统角度（W - SENCE - PSR）建立的评价指标体系，它具有水的基本属性，包括社会属性、经济属性、资源属性、环境属性和生态属性，由水生态安全的这几个属性构成的各子系统间相互作用、相互制约、相互依赖，构成一个复杂的网络系统，兼有自然和社会两方面的复杂属性。

（4）该框架模型具有矛盾冲突性的特征。在这个框架模型中，PSR（原因-结果-对策）分析就充分体现了这一点。一方面，人类在经济活动中，采用技术手段利用水为人类服务，促使人类持续发展；另一方面，人类也要应对来自自然水问题的挑战，要受到自然界的反馈约束和调节。

（5）该框架模型具有动态性特点。水生态安全是一个随时间变化的过程，当前水生态安全状态并不代表其今后也是安全状态，绝对水生态安全的状态从科学意义上来讲是不存在的。

基于 W - SENCE - PSR 框架的水生态安全评价指标体系，充分发挥了复合生态系统"社会-经济-自然"框架结构明晰和 PSR 模型指标因果逻辑关系明确的综合优势，提高了指标体系的理论和实践价值。运用复合生态系统框架结合系统关系分析（压力-状态-响应）看待及解决水问题是一个新的发展趋势，克服了传统 PSR 模型基于状态安全的评价过程只注重现状安全评价的缺陷，从领域维、影响维、时间维视角分析水生态安全演化机理构建了完整、全面的水生态安全评价指标体系，这在推进新时代"五位一体"总体布局的背景下，为解决水问题，实现水生态安全提供了新的发展思路，具有重要的现实指导意义。

2.2　水生态安全评价指标体系构建及优化

水有环境改善、资源供给及生态维持的三重属性或功能。水环境属性是指周边水体为生活生产提供的一个外部感官条件；水的资源属性指水为生活生产提供基本生活生产资料的能力；水的生态属性指水作为核心要素对自然生命系统的支撑能力，由此引出水环境、水资源、水生态等概念。水环境的保护目标是"宜居"，满足人民对宜居环境更高期待的关键要素。水资源保护方面不能出现指标超标的情况，危害用水者的生理健康和产品质量，包括水的质量保障和数量的满足程度。水生态保护的目标是"健康"，维持自然生命系统的良性状态和自我修复能力，自然生态系统不能因为水的变化发生严重退化甚至崩溃。

2.2.1　评价指标初选的基本原则

评价指标的确定是进行水生态安全评价的基础，它既是流域水生态安全评价系统的重要组成部分，又是流域规划决策的重要工具。评价流域水生态安全的指标很多，指标的选取取决于所研究的具体科学问题，必须要重视以下几个方面的问题：

（1）从基于 W－SENCE－PSR 框架全局出发综合考虑。由于指标体系涉及大量繁杂的指标，要根据指标特点进行综合选择。在流域水生态安全评价指标选择中着重从以水为主线的经济子系统、社会子系统、资源子系统、环境子系统、生态子系统 5 个方面，综合考虑指标间"压力-状态-响应"关系，综合确定相关指标。

（2）体现可持续性发展思想。流域水生态安全评价目的是实现流域的可持续发展。因此，水生态安全评价指标不是简单的"状态"指标，不仅仅要反映影响效应的大小，而且要体现累计效应分布范围与频率，评价流域水生态安全性及可持续性。

（3）数据易量化原则。水生态安全评价指标反映了以水为主线的"经济-社会-自然"复合系统的水生态安全状况，指标涉及的范围广，指标量化也较为困难，因此在评价指标的设计时要充分考虑指标的简单易行，选择容易量化的指标。

（4）数据易获得原则。在流域水生态安全评价指标体系构建中，要充分考虑评价指标的综合性、全面性、整体性，同时也要考虑数据的易获得原则。

2.2.2　水生态安全评价指标及计算方法

根据甘肃省重点流域特点，尤其是内陆河流域特点，建立适合流域水生态安全实际的评价指标体系意义重大。甘肃，古属雍州，地处黄河上游，它东接陕西，南控巴蜀青海，西倚新疆，北扼内蒙古、宁夏，是古丝绸之路的锁匙之地和黄金路段。气候类型多样，从南向北包括了亚热带季风气候、温带季风气候、温带大陆性（干旱）气候和高原高寒气候四大气候类型。年平均气温 0～15℃，大部分地区气候干燥，年平均降水量为 40～750mm，干旱、半干旱区占总面积的 75%。主要气象灾害有干旱、暴雨洪涝、冰雹、大风、沙尘暴和霜冻等。草原主要分布于甘南高原、祁连山—阿尔金山及北部沙漠沿线一带，主要草原类型有高寒灌丛草甸、温性草原、高寒草原、温性草甸草原、高寒草甸、低平地草甸、暖性草丛等 14 类 88 个草地型。乔木林以阔叶林为主，面积 18325 万 hm²，蓄积 1377853 万 m^3，其中阔叶混交林最多。

从水资源总体状况来看，甘肃省河流年径流量约 600 亿 m^3，主要集中在黄河、长江、内陆河 3 个流域 9 个水系，黄河流域有洮河、湟河、黄河干流、渭河、泾河 5 个水系；长江流域有嘉江水系；内陆河流域有石羊河、黑河、疏勒河 3 个水系。全省河流年总径流量 603 亿 m^3。地表水资源方面，甘肃省境内自产水多年平均径流量 299 亿 m^3，其中，黄河 135 亿 m^3，长江 106 亿 m^3，内陆河 57.9 亿 m^3，人均自产水量 1500m^3，居全国 22 位。入境河川径流量 304 亿 m^3，自产加入境的总水量为 603 亿 m^3。总的来看，全省地表水资源较少，分布也不平衡。尤其是河西内陆河流域来看，普遍降水不足 50mm，年蒸发量大，为 800～2400mm，年日照为 2560～3500h，水是河西内陆河流域影响水生态安全的众多因子中的主导因子，水资源短缺很容易导致水资源过度开发利用，继而引起过度利用地下水等问题。

因此，本书紧紧围绕以水为主线的经济-社会-自然复合生态系统，基于 W－SENCE－PSR 框架，从水生态安全的经济子系统、社会子系统、资源子系统、环境子系统、生态子系统五个方面进行指标优选。基于实践经验，结合相关研究[46-52]，根据内陆河流域面临的实际突出问题，指标优选中，突出了对水资源过度开发利用、地下水超采、环境恶化、草场过载、土壤沙化等方面问题的关注[79]，构建了内陆河流域水生态安全初步评价指标体系（图 2-6），具体指标及计算方法见表 2-1。

2.2.3　水生态安全评价指标体系优化

由于在水生态安全评价过程中，指标体系的模糊性、复杂性、综合性影响，要明确得到指标之间的相互关系几乎不可能，因此需要对初步构建的指标体系进行分析优化，剔除次要影响因子，提高指标体系的准确性和区分度，而当前在这方面的研究还非常匮乏[128-129]，虽然作者已经运用模糊系统分析的方法在指标体系优化方面进行了一些探索，但还远远不够。

2.2.3.1　评价指标体系优化的主要思想

为了最大限度剔除无效信息，提高评价的准确性，本书将初步建立的评价指标体系进行了优化。目前的水生态安全评价指标体系主要存在以下一些方面的问题和不足：指标过分强调统一，缺少个性和弹性；体系结构上注重运用 P－S－R（压力-状态-响应），注重因果，缺乏对评价指标体系结构的整体性把握，评价的结果运用缺乏建设性[37-38]。通过对评价指标体系的优化，体现以人为本，实现指标体系的更新；体现实效性和科学性；随着经济社会发展，指标体系也要根据内外部情况的变化和实际建设需求进行调整和更新，形成开放的评价指标体系，避免传统的静态指标时效等问题。

本书进行指标体系优化的思路：一是剔除指标体系中对整个评价指标体系贡献小、影响小的次要影响因子，提高指标体系中指标的代表性和区分度；二是从指标的适应性方面，把对指标体系适应性差的指标剔除；三是借鉴指标预测值结果，力求被剔除的指标对整个指标体系产生中性影响，避免被剔除的指标今后发展成为限制性因子。基于上述原因及思路，本书运用改进生态位宽度（体现指标的适应性）理论结合模糊系统分析法确定的指标权重（体现指标的影响大小），将对指标体系的影响小、适应性差，今后不会成为限制性因子的指标予以剔除，得到了优化后的评价指标体系。

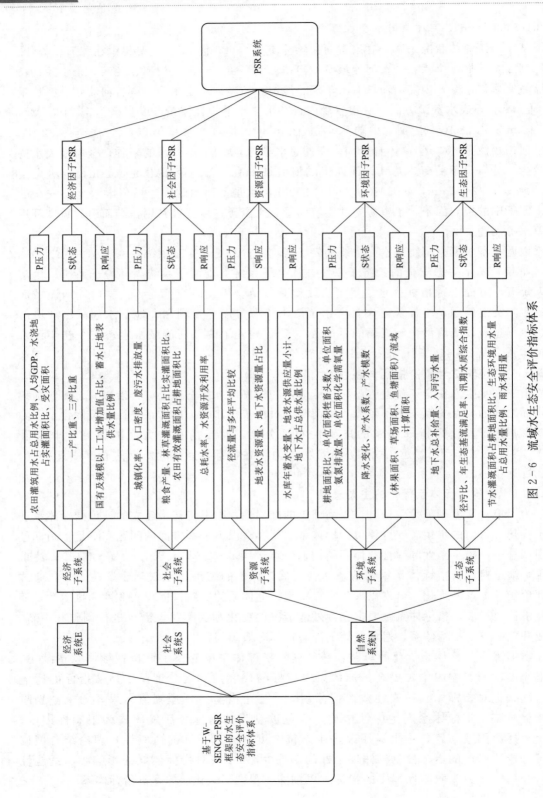

图 2 - 6　流域水生态安全评价指标体系

表 2-1 水生态安全评价初步评价指标体系及计算方法

序号	指标编号	评价指标	指标含义	计 算 方 法
1	Z1	人均 GDP	表征经济发展水平	GDP 总值/常住人口
2	Z2	第三产业比重	表征经济结构组成	第三产业总值/GDP 总值
3	Z3	国有及规模以上工业增加值占比	表征经济结构组成	国有及规模以上工业增加值/工业增加值
4	Z4	农田有效灌溉面积占耕地面积比	表征农业生产水平及生产稳定性	农田有效灌溉面积/耕地面积
5	Z5	粮食产量	表征农业生产粮食总量	统计数据直接获得
6	Z6	林草灌溉面积占比实灌面积比	表征生态环境用水情况	林草灌溉面积/实际灌溉面积
7	Z7	林草及鱼塘灌溉面积比	表征环境状况	林草及鱼塘灌溉面积/流域计算面积
8	Z8	年生态基流满足率	表征江河供其支持功能的可达性	最小生态基流量（多年平均流量的10%）/基准年月流量
9	Z9	地下水总补给量	表征水资源状况	统计数据直接获得
10	Z10	地表水资源量	表征水资源状况	统计数据直接获得
11	Z11	地下水资源量占比	表征水资源状况	地下水资源量/水资源总量
12	Z12	产水系数	表征水资源状况	水资源总量/降水量
13	Z13	产水模数	表征水资源状况	水资源总量×10000/流域计算面积
14	Z14	蓄水占地表供水量比例	表征水的调蓄能力	蓄水供水量/总供水量
15	Z15	雨水利用	表征水的调蓄能力	统计数据直接获得
16	Z16	生态环境用水量占总用水量比例	表征生态环境用水情况	生态环境用水量（城镇环境用水量＋农村生态用水量）/总用水量
17	Z17	径污比	表征水环境净化能力	最枯月经流量/污水入河量
18	Z18	节水灌溉面积占耕地面积比	表征生态环境用水情况	（滴灌、微灌、低压管灌、渠道防渗灌面积）/耕地面积
19	Z19	汛期水质综合指数	表征水质状况	各个级别水质级别的比例×水质级别的权重（《江河生态安全调查与评估技术指南》，2016）
20	Z20	城镇化率	表征经济发展水平	城镇人口/总人口
21	Z21	人口密度	表征单位面积人口数量	人口数量/流域面积
22	Z22	第一产业比重	表征经济结构组成	第一产业总值/GDP 总值
23	Z23	水浇地占实灌面积比	表征农田灌溉情况	水浇地面积/实际灌溉面积
24	Z24	单位面积牲畜头数	表征防止草场过载	牲畜头数/流域计算面积
25	Z25	降水量变化	表征环境概况	当年降雨量-年均降雨量
26	Z26	径流量变化	表征水资源概况	年径流量-多年平均径流量
27	Z27	水库年蓄水变量	表征水资源调控能力	年末蓄水量-年初蓄水量
28	Z28	地表水源供应量	表征供水能力	统计数据直接获得

续表

序号	指标编号	评价指标	指标含义	计算方法
29	Z29	地下水占总供水量比例	表征地下水利用情况	地下水供水量/总供水量
30	Z30	水资源开发利用率	表征水资源利用情况	用水总量/水资源总量
31	Z31	农田灌溉用水占总用水比例	表征农业用水情况	农田灌溉用水量/总用水量
32	Z32	总耗水率	表征水资源利用情况	用水消耗量/用水总量
33	Z33	废污水排放量	表征环境概况	居民生活污水排放量＋第二第三产业污水排放量
34	Z34	入河污水量	表征环境概况	统计数据获得
35	Z35	单位面积氨氮排放量	表征环境概况	氨氮排放量/流域计算面积
36	Z36	单位面积化学需氧量排放量	表征环境概况	化学需氧量排放量/流域计算面积
37	Z37	受灾面积	表征水灾害情况	洪灾受灾面积＋旱灾受灾面积＋冰雹受灾面积
38	Z38	耕地面积比	表征耕地情况	耕地面积/流域计算面积

2.2.3.2 基于 BP 神经网络模型的指标值预测

1. 当前主要预测评价方法及优缺点

在当前水生态安全状况预测通常方法有：基于评价结果的简单预测分析、灰色预测模型[158-162]、神经网络模型[164-167]。

由于基于现状评价的结果简单预测已经不能够满足当前对水生态安全预测评价的需求；灰色系统主要是在实际中解决一些"不确定"的系统，要么缺少大量数据，要么内部机理不明确，致使建模和定量困难，而在水生态安全评价中，体系机理基本明确，指标数据也已经获取，因此不适用此方法。BP 算法是一种出色的有导师学习算法[14]，MATLAB 中可以实现 BP 神经网络预测，只要通过输入层神经元、设定隐含层层数、节点数及预测精度的控制要求就可以实现预测。该体系可运用 MATLAB 软件方便地实现数据预测，通过拟合值和实际值的对比分析，不断调节预测值曲线，直到达到较为理想的拟合效果后，运用预测模型，一一预测指标今后发展状况。

BP 神经网络模型具有较好的非线性映射能力、自学习与自适应能力、泛化能力、容错能力，可以运用 MATELAB 软件实现其指标值预测，且实现方式简单可行，具有明显优势，目前已开始被广泛应用，基于上述原因，本书选用 BP 神经网络模型进行评价指标值预测。

2. BP 神经网络的 MATLAB 实现

在进行 BP 神经网络设计时，需要考虑以下问题：网络的拓扑结构（隐层的层数及各层的神经元的数目）、神经元的变换函数选取、网络的初始化（连接权值和阈值的初始化）、训练参数设置、训练样本的归一化处理、样本数据导入方式等。根据以上分析可知，对于网络的实现有四个基本的步骤。

（1）网络建立：通过函数 newff 实现，它根据样本数据自动确定输入层、输出层的神经元数目。隐层神经元数目以及隐层的层数、隐层和输出层的变换函数、训练算法函数需由用户确定。

（2）初始化：通过函数 init 实现，当 newff 在创建网络对象的同时，自动调动初始化函数 init，根据缺省的参数对网络进行连接权值和阈值初始化。

（3）网络训练：通过函数 train 实现，它根据样本的输入矢量 **P**、目标矢量 **T**、预先已设置好的训练函数的参数，对网络进行训练。

（4）网络仿真：通过函数 sim 实现，它根据已训练好的网络，对测试数据进行仿真计算。本书运用 BP 神经网络进行水生态安全评价指标值预测，具体运行程序如下所示。

BP 神经网络模型预测程序：

石羊河流域粮食产量预测总体上呈波动下降趋势。通过 MATLAB 建立模型，实现预测相关 MATLAB 程序见下：

```
close all
clc;
clear;
p0=[127.15 369.11 137.99 147.55 139.19 132.09 144.29 131.52 145.65 149.87]
year=2009:2018;
plot(year,p0,'b+')
hold on
plot(year,p0,'b-')
title('粮食产量')
pause
a=max(p0);
b=min(p0);
p1=(p0-a)/(b-a);
j=0;
for i=1:6;
p(:,i)=p1(i+j:i+j+2);
t(:,i)=p1(i+j+3);
end
pause
j=1;
for i=1:6;
    ptest(:,i)=p1(i+j:i+j+2);
    ttest(:,i)=p1(i+j+3);
end
net=newff(minmax(p),[10,1],{'tansig','purelin'},'traingdx');
net.trainParam.lr=0.01;
net.trainParam.epochs=5000;
net.trainParam.goal=0.001;
  net=train(net,p,t);
y=sim(net,ptest);
E=ttest-y;
MSE=mse(E)
```

```
Y=a+y*(b-a);
T=a+ttest*(b-a);
S=T-Y;
y2018=Y(:,6);
p10=p1(8:10)'
y10=sim(net,p10)
y2019=a+y10*(b-a);
p2=[p1 y10];
p11=p2(9:11)'
y11=sim(net,p11)
y2020=a+y11*(b-a);
p3=[p2 y11];
p12=p3(10:12)'
y12=sim(net,p12)
y2021=a+y12*(b-a);
p4=[p3 y12];
p13=p4(11:13)'
y13=sim(net,p13)
y2022=a+y13*(b-a);
p5=[p4 y13];
p14=p5(12:14)'
y14=sim(net,p14)
y2023=a+y14*(b-a);
Y1=[y2018 y2019 y2020 y2021 y2022 y2023];
Y2=[y10 y11 y12 y13 y14]
figure
plot([2009:2018],p0,'-b*')
hold on
plot([2013:2018],Y,'-ro')
plot([2018:2023],Y1,'-ro')
title('粮食产量')
gtext('*为真实值,o为预测值')
pause
```

2.2.3.3 基于模糊系统分析的指标体系优化

评价指标权重是某被测对象各个考察指标在整体中价值的高低和相对重要的程度以及所占比例的大小量化值。因此,可以根据指标权重值来确定最主要影响因子和次要影响因子,确定优先调控指标,优化评价指标体系。

1. 数据标准化处理

在水生态安全初步评价指标体系建立后,需要对指标数据标准化处理,按统一的"标准"进行调整,消除由于单位不同造成的影响,这是进行数据处理的一个基本步骤。由于不同的变量之间常常因量纲及变异程度,导致了系数解释困难。为了消除量纲和变量的变异大小不同的影响,需对基础数据标准化处理,即数据的无量纲化处理(normalization),

解决数据的可比性问题。通常进行数据标准化处理的方式较多,常用的主要有"最小-最大标准化""Z-score 标准化""按小数定标标准化"等。经过标准化处理,原始数据就处理为无量纲的指标测评值,将不同的指标数值处理后处于同一个数量级别上,以便进行综合测评分析。

本书根据实际需要,选取了"最小-最大标准化"方法,对原始数据进行线性处理,设 $minA$ 和 $maxA$ 分别为属性 A 的最小值和最大值,将 A 的一个原始数据 x 通过"最小-最大标准化"映射为在区间 $[0,1]$ 的值,其具体公式如下:

对于越大越安全的指标:
$$y_{ij} = (x_{ij} - \min x_i)/(\max x_i - \min x_i) \tag{2-1}$$

对于越小越安全的指标:
$$y_{ij} = (\max x_i - x_{ij})/(\max x_i - \min x_i) \tag{2-2}$$

式中:y_{ij} 为第 i 行第 j 列标准化数据;$\max x_i$ 为第 i 行最大值;$\min x_i$ 为第 i 行最小值。

2. 建立模糊矩阵 R

将标准化的数据 x_{ik} 和 x_{jk} 代入式 (2-3)、式 (2-4)。
$$\gamma_{ij} = \sum_{k=1}^{m} x_{ik} \cdot x_{jk}, (i \neq j) \tag{2-3}$$
$$\gamma_{ij} = 1, (i=j) \tag{2-4}$$

式中:x_{ik} 为第 i 样本第 k 项指标的无量纲参数;x_{jk} 为第 j 样本第 k 项指标的无量纲参数;m 为样本总数;由此构造的矩阵 $(\gamma_{ij})_{n \times n}$ 称为模糊矩阵。

3. 建立模糊相关矩阵 U

$$U = \begin{bmatrix} a_{11} & a_{12} & \cdots & a_{1n} \\ a_{21} & a_{22} & \cdots & a_{2n} \\ \vdots & \vdots & & \vdots \\ a_{n1} & a_{n2} & \cdots & a_{nn} \end{bmatrix}, \quad a_{ij} \in [0,1] \tag{2-5}$$

式中:a_{ij} 为矩阵元,$i=1, 2, \cdots, n$。

4. 计算置信水平及权重

模糊相关程度分析根据所建立的模糊相关矩阵,以最大矩阵元作为置信水平 λ,求得各指标的置信水平,由置信水平可以把杂乱无章的问题有序化。从所评价系统的主要水生态安全影响出发,系统地、综合地表征评价因素的权重。根据模糊矩阵最大矩阵元定理,由下式得到指标因素的权重:

$$\lambda_i = \mathop{V}_{\substack{i \neq j \\ j=1}}^{n} (\gamma_{ij})_{m \times n} \tag{2-6}$$

$$W_i = \frac{1 - \lambda_i}{\sum_{i=1}^{n}(1 - \lambda_i)} \tag{2-7}$$

式中:W_i 为第 i 指标权重;λ_i 为第 i 指标置信水平,$i=1, 2, \cdots, n$。

2.2.3.4　基于改进生态位宽度的指标体系优化

在水生态安全研究中引入生态位的概念，将河西内陆河各流域看作自然界中的物种，以反映水生态安全的相关指标作为资源轴，借助生态学中生存、竞争的理念，研究流域水生态安全优先调控指标[128-129]，以期为流域水生态安全及经济社会健康发展提供科学支持。

已经有很多学者对生态位进行了描述，当前分别有营养生态位、超体积生态位、基础生态位、实际生态位、资源利用函数生态位[137]、广义物种生态位[138]、随机的生态位理论[139]。Hutchinson 以生态为空间对生态位进行定量描述，使生态位理论得到明显进展，Hutchinson 认为，生态位是一个 n 维超体积变量，它的 n 个坐标轴包括决定某一物种生存状态的关键物理环境因子[140]，生态位计算简单、可操作性强，已成为众多理论与野外研究基础[128-129]。一个物种只能在一定的温度、湿度范围内生活，营养（摄取食物的大小）也常有一定限度，若把温度、湿度和营养（食物大小）3 个因子作为参数，这个物种的生态位可以描绘在一个三维空间内（图 2-7），在两个生态位中，考虑观察的维度越多，两个生态位的差别就越明显，越容易被区分开来。

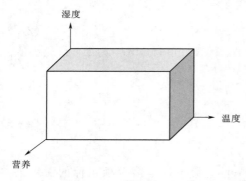

图 2-7　三维结构的生态位模型

一般来说，生态位宽度值越大，说明其适应性越强，生态位宽度值越小，说明其适应性越差。目前应用最广泛的是 Levins 生态位宽度模型，计算公式如下：

$$B = \frac{1}{\sum\limits_{R=1}^{R}(P_1)^2} \tag{2-8}$$

在计算生态位宽度之前，需要将各资源轴划分为不同的梯度。划分方法尚无统一标准，不同的划分方法会导致计算结果有较大的差异。在梯度划分时，区间上、下边界的确定受主观性影响，具有很大的模糊性，如果按照常规的计算方法，势必给计算结果带来很大的不确定性。为了降低因上、下边界模糊性给结果带来的不确定性，将模糊数学中的隶属度概念引入生态位的计算中，计算各典型流域属于各资源轴不同梯度的概率，计算各典型流域属于各资源轴不同梯度的概率，将 Levins 生态位宽度模型改进为[128-129]：

$$B_i = \frac{1}{\sum\limits_{R=1}^{R}(P_{ij}\gamma_{ij})^2} \tag{2-9}$$

式中：B_i 为典型流域 i 的生态位宽度；P_{ij} 和 P_{kj} 分别为典型流域 i、k 在梯度 j 上的数量占二者总数量的比例，%；R 为梯度的等级总数；γ_{ij} 和 γ_{kj} 分别为典型流域 i、k 在梯度 j 上的隶属度，取值范围为 [0，1]。

2.3　水生态安全评价技术方法

2.3.1　系统敏感性分析

敏感性分析是考察和了解当影响地区水生态安全的主要因素发生变化时，对整个水生态安全评价指标体系稳定性影响程度的一种分析方法[26]。目的是分析当外部相关条件发生不利变化时，对整个水生态安全评价指标体系承受能力做出判断。本书利用指标敏感性概念，通过计算评价指标体系及各子系统的敏感性来进行水生态安全调控[26]。指标的敏感性计算公式为

$$S = (R - R_0)/R_0 \times 100\% \tag{2-10}$$

式中：S 为敏感变化百分率；R 为考察情境的水生态安全指数；R_0 为基年水生态安全指数。

水生态安全调控是近几年生态安全研究的主要内容之一，将"水生态安全评价指标体系构建—评价指标体系优化—现状评价＋预测评价—水生态安全分析调控＋评价结果验证"整个环节统一起来，流域水生态安全评价完整体系的相关研究还并不多见。因此本书将敏感性分析运用到水生态安全研究中，根据研究区域的水生态安全系统敏感性及各子系统的敏感性状况，为后续水生态安全调控提供理论依据。

2.3.2　基于健康距离的优先调控指标确定

水生态系统未受自然因素突变及人类经济社会负面影响下，一般能够为人类提供正常的水生态服务，处于健康演变状态，由于自然和人为因素综合持续作用，复合生态系统会偏离原来健康状态，干扰因素越大，偏离越大，基于这种思想，可以采用健康的损益值、健康距离对流域的水生态安全状况进行度量，看水生态系统受到自然及人为因素的干扰后健康程度与原来健康状态所产生的偏离距离[141]。因此，本书通过改进健康距离法，计算流域的水生态安全状况与其相对的最优值之间的距离，根据距离的大小值，从整个水生态安全系统、子系统、评价指标三个层面了解水生态安全状况，具体过程如下：

假设 A，B_1 为两个系统（生态系统、子系统或指标），X_1，X_2，X_3，$\cdots$，X_n 是 A 与理想化系统 B_1 的共有特征，为所采用的水生态安全评价指标。数据标准化处理后，指标均变成了 $[0, 1]$ 的数值，所以 A 到理想化系统 B_1 之间的距离为 $|1 - A(X_1)|$，评价指标的权重为 k_1，k_2，k_3，$\cdots$，$k_n(k_1 + k_2 + \cdots + k_n = 1)$，将理想安全状态设置为各项指标值均为 1（最优值）的一个集合 B_1，计算某一研究对象与最优值之间的相对距离，即健康距离，计算该值的大小，该值越大，说明其与理想化集合之间的距离越远，其水生态安全状况越差，若该值越小，说明其与理想化集合之间的距离越近，水生态安全状况越好[142]。

$$HD(A, 1) = \sum_{i=1}^{n} |1 - A_i| \cdot k_i \tag{2-11}$$

式中：HD 为 A 系统的健康距离；A_i 为系统 A 的第 i 项指标标准化数据值；k_i 为第 i 项指标的指标权重。

运用健康距离法，在得到各流域水生态安全评价指标体系的健康距离值后，便可以将

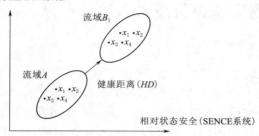

图 2-8 流域健康距离法分布示意

其结果与模糊综合评价结果对比，看二者结果的差异性，来验证最终模糊综合评价结果的准确性和合理性。计算评价指标的平均健康距离，如果指标的健康距离对照模糊系统分析确定的指标权重，二者对比，确定优先调控指标，看结果是否一致，验证模糊系统分析方法的合理性。运用不同的技术手段，不同的思维模式，最终得到相同或者相似的结果，使得最终结果的可靠性得到了验证，这从另一个方面肯定了工作成果的正确性。因此，本书运用改进健康距离法，一方面为水生态安全调控提供了思维路径，另一方面也为评价结果的验证提供了新的思路。

2.3.3 模糊综合评价

由已经建立优化后的水生态安全评价指标体系，进行水生态安全模糊综合评价，得到的评价向量是因素权重向量与模糊矩阵合成的结果[47-52]，由因素权重向量和标准化数据表对流域水生态安全状况进行模糊综合评价[191]。即

$$Y = R \cdot X = (y_1, y_2, \cdots, y_n)^T \qquad (2-12)$$

式中：Y 为评价向量（y_1，y_2，$\cdots$，y_n 为各年综合评价指数）；R 为标准化的评价指标矩阵（标准化数据组成的矩阵）；X 为评价权重向量（评价指标权重组成的向量）；T 为向量转置符号。

（1）在水生态安全现状评价中，由因素权重向量和标准化数据表（2009—2018 年指标标准化值）对流域水生态安全状况进行模糊综合评价。由已经建立优化后的水生态安全评价指标体系，进行水生态安全模糊综合评价，运用式（2-12）得到的评价向量就是因素权重向量与模糊矩阵合成的结果。

（2）在水生态安全预测评价中，由因素权重向量和标准化数据表（2019—2023 年指标标准化值）对流域水生态安全状况进行模糊综合评价，运用式（2-12）得到模糊综合评价结果即为预测评价结果。

第 3 章

河西内陆河流域水生态安全评价研究

水安全评价相关研究已有较多成果，但绝大多数采用 P−S−R（压力-状态-响应）及其扩展模型，且评价指标体系的优化校准几乎从未提及。将 W−SENCE（与水有关的社会-经济-自然复合生态系统）模型引入水生态安全评价领域，从水生态安全的自然属性和社会经济属性方面构建水生态安全评价指标体系，结合模糊系统分析及改进生态位理论对指标体系分析、优化，以优化后指标体系对河西内陆河流域的水生态安全状况模糊综合评价。根据指标的改进生态位宽度值情况，对指标体系进行优化。优化后指标体系中，根据指标的权重值，确定流域水生态安全的主要影响因子，以此提出内陆河流域水生态安全状况的最有效措施。结果可为河西内陆河流域水行政、生态环境管理、生态风险决策提供理论支持。

3.1　河西内陆河流域水生态安全研究概况

近年来，国内外学者在水生态安全评价方面已初步建立了一些模型和方法[45,56,133,143]。20 世纪 80—90 年代美国学者从生态脆弱性和生态健康理论方面对生态系统安全问题进行理论探讨[144]，Schneider 和 Kay 从生态系统结构和功能方面研究水生态环境，Constanza、Ulanowicz、Karr 等分别将生态系统健康指数、网络优势指数、生物完整性指标等引入生态系统评价指标体系[145]，N. Simboura 选用不同生物指标评价水生态环境状况，AngelBorja 运用不同水生态环境评价方法相互校准[146]，国外对水安全评价相关研究主要集中在理论概念、评价指标体系的指标指数开发、指标体系验证校准方面。在国内，20 世纪 80 年代，李佩成等提出水生态系统概念，指出水问题要从生态学视角去研究，用生态学方法去解决[147-148]。严立冬等着重从系统安全角度阐释城市水生态安全问题[149]；黄昌硕等从国家层面探讨中国水资源及水生态安全问题[103]，尹文涛[150]、王增铮[151] 分别从生态格局、虚拟地理环境平台方面研究水生态安全问题；张晓岚、陈广、李梦娣等[57,90,94,152-154] 分别对漳卫南运河流域、三峡库区、河南省等区域进行水生态安全评价。相关评价多采用多指标评价体系，且指标体系内容不断丰富和扩展[155-156]，但国内外相关研究基本都是基于 PSR（压力-状态-响应）及其扩展模型，以人为选择方式分类，虽能清楚表明系统中的因果关系，但指标选取有赖于主观判断和经验，缺乏对系统结构和决策过程的有效把握，对复杂反馈系统的处理效果不好[111,158]，且均未涉及指标体系优化问题。

SENCE（社会-经济-自然复合生态系统）模型[133,158-159]将生态安全看作经济、社会和生态环境各系统互相耦合形成的统一体，在满足科学性与系统性的同时，能客观反映流域水生态安全状况和问题。W-SENCE概念框架（经济-社会-自然复合水生态系统）是在确保水生态系统稳定前提下，坚持以人为本，由与水有关的自然条件、人类社会和经济活动共同组成的生态功能统一体，是新的水生态安全研究模型，具有积极的现实指导意义。因此本书以W-SENCE模型为基础，从水生态安全的社会经济属性和自然属性出发，构建流域水生态安全评价体系。水生态安全评价属于系统性评价，要找到要素之间确切关系往往不可能[141]，借助模糊数学方法在解决此类问题上的优势，运用模糊系统分析法确定评价指标权重；利用改进生态位理论在确定优先调控指标上的优势，对评价指标体系进行优化；用优化后指标体系对河西内陆河流域（疏勒河、黑河、石羊河）2014—2017年的水生态安全状况模糊综合评价，以期为流域水生态安全评价提供新的方法途径，为内陆河流域高质量发展提供新思路，指导生态保护工作实践。

3.2　内陆河流域水生态安全概况

水是生命之源、生产之要、生态之基，是生态关系的脉络和神经，自然界出现的一切生态环境都和水有关[133]。流域水生态安全事关人类健康和经济社会稳定，随着生态文明理念深入发展，水利部提出建设水生态文明，从生态视角看待水问题，水生态安全是由自然生态安全、经济生态安全和社会生态安全组成的复合人工生态安全系统，是生态安全的组成部分，也是水安全概念的深化和延伸。

甘肃河西自东向西有疏勒河、黑河和石羊河三大内陆河。从古至今，河西走廊在西部政治、经济、军事、文化方面承担重要责任，如今内陆河流域普遍存在严重生态危机，生态问题较突出。甘肃省气象局资料显示，三大内陆河流域均存在较严重生态退化问题，主要表现在植被覆盖度减少，部分地区生态问题激化。

（1）疏勒河水系。位于走廊西端，南有阿尔金山东段、祁连山西段的高山，山前有一列东西走向的剥蚀石质低山；北有马鬃山，中部走廊为疏勒河中游绿洲和党河下游的敦煌绿洲，疏勒河下游则为盐碱滩，绿洲外围有面积较广的戈壁，间有沙丘分布。

（2）黑河水系。东西介于大黄山和嘉峪关之间，大部分为砾质荒漠和沙砾质荒漠，北缘多沙丘分布，张掖、临泽、高台之间及酒泉一带形成大面积绿洲，是河西重要农业区。

（3）石羊河水系。位于走廊东段，南面祁连山前山地区为黄土梁峁地貌及山麓洪积冲积扇，北部以沙砾荒漠为主，并有剥蚀石质山地和残丘，东部为腾格里沙漠，中部是武威盆地。

河西走廊位于我国地理版图中间地带，青藏高原和内蒙古高原间凹陷地带，这里西伯利亚寒流畅通无阻。河西走廊内陆河流域生态的好与坏，直接影响我国总体的生态状况，因此开展河西走廊内陆河流域水生态安全评价研究具有重要的现实意义。

3.2.1　社会经济概况

2021年，内陆河流域耕地面积1861.46万亩，耕地有效灌溉面积1292.48万亩，耕地实灌面积1205.11万亩，非耕地用水面积206.02万亩；人口428.11万人，其中农村人口 173.52 万人，城镇人口 254.59 万人；工业增加值 896.15 亿元，其中规模以上工业增加值 620.63 亿元，规模以下工业增加值 259.07 亿元，火（核）电工业增加值 16.45 亿元；粮食总产量 393.33 万 t；地区生产总值 2578.96 亿元。

3.2.2　水资源概况

内陆河流域降水分布情况极不均匀，降水量分析数据来源于内陆河流域 111 个雨量站。内陆河流域年平均降水量 108.1mm，折合水量 264.78 亿 m³，比多年平均值 298.02 亿 m³ 偏小 11.2%，比 2020 年的 237.79 亿 m³ 偏大 11.4%，年降水量频率为 64.5%，属偏枯年。与多年平均值比较，疏勒河流域偏小 24.5%，黑河流域偏小 3.7%，石羊河流域偏大 2.4%，苏干湖偏小 30.0%；与 2020 年值比较，疏勒河流域增大 12.8%，黑河流域增大 3.5%，石羊河流域增大 24.6%，苏干湖减小 5.0%。

从地表水资源量来看，内陆河流域自产地表水资源量 44.75 亿 m³，折合径流深 18.3mm，比多年平均值 47.61 亿 m³ 偏小 6.0%，比 2020 年值 42.20 亿 m³ 增大 6.1%，属平水年。与多年平均值比较，疏勒河流域偏小 12.4%，黑河流域偏小 4.0%，石羊河流域偏大 2.1% 与 2020 年比较，疏勒河流域增大 4.1%，黑河流域增大 0.6%，石羊河流域增大 19.2%。

地下水资源量情况来看，内陆河流域地下水资源量 38.78 亿 m³（山丘区 16.41 亿 m³，平原区 35.85 亿 m³，二者重复计算量 13.48 亿 m³），比多年平均值 48.14 亿 m³ 偏小 19.4%，比 2020 年值 47.06 亿 m³ 减小 17.6%。与地表水不重复的地下水资源量 5.59 亿 m³，比多年平均值 6.22 亿 m³ 偏小 10.1%，比 2020 年值 5.39 亿 m³ 增大 3.7%。

从水资源总量来看，内陆河流域水资源总量 50.34 亿 m³，比多年平均值 53.82 亿 m³ 偏小 6.47%，比 2020 年的 47.59 亿 m³ 增大 5.97%，地表水资源量 44.75 亿 m³，地下水资源量 38.79 亿 m³，与地表水不重复的地下水资源量 5.59 亿 m³。流域产水系数 0.19，产水模数 2.06 万 m³/km²。

3.2.3　蓄水动态分析

内陆河流域：4 座大型水库年末蓄水量 3.47 亿 m³，比年初蓄水量 3.06 亿 m³ 增加 0.41 亿 m³；22 座中型水库年末蓄水量 3.98 亿 m³，比年初蓄水量 4.30 亿 m³ 减少 0.32 亿 m³。黄河流域：4 座大型水库年末蓄水量 32.98 亿 m³，比年初蓄水量 38.86 亿 m³ 减少 5.88 亿 m³ 15 座中型水库年末蓄水量 2.97 亿 m³，比年初蓄水量 2.90 亿 m³ 增加 0.07 亿 m³。长江流域：2 座大型水库年末蓄水量 2.61 亿 m³，比年初蓄水量 3.56 亿 m³ 减少 0.95 亿 m³ 7 座中型水库年末蓄水量 1.13 亿 m³，比年初蓄水量 1.11 亿 m³ 增加 0.02 亿 m³。

3.2.4　水资源开发利用

供水量上来看，以 2021 年为例，内陆河流域供水能力 95.40 亿 m³，供水量 71.20 亿 m³。内陆河流域总用水量 71.20 亿 m³，按用水行业看，其中农田灌溉用水 53.7152 亿 m³，林牧渔畜用水 5.0550 亿 m³，工业用水 2.6062 亿 m³，城镇公共用水 0.6024 亿 m³，居民生活用水 1.5841 亿 m³，生态环境用水 7.6326 亿 m³。从用水组成来看，内陆河流域用水量中，农业用水占 82.5%，工业用水占 3.7%，居民生活用水占 2.2%，城镇公共用水占 0.9%，生态环境用水占 10.7%。

内陆河流域净耗水量为 51.08 亿 m³，分区耗水量来看，其中农田灌溉耗水 39.7780 亿 m³，林牧渔畜耗水 3.632 亿 m³，工业耗水 1.1537 亿 m³，城镇公共耗水 0.3365 亿 m³，居民生活耗水 0.9389 亿 m^3，生态环境耗水 5.2389 亿 m^3。从耗水组成来看，内陆河流域耗水量中，农业占 85.0%，工业占 2.3%，城镇公共占 0.7%，居民生活占 1.7%，生态环境占 10.3%。内陆河流域综合耗水率为 71.7%，其中农业 73.9%，工业 44.3%，城镇公共 55.9%，居民生活 59.3%，生态环境 68.6%。

内陆河流域废污水排放量为 1.96 亿 t，分区污水排放量来看，生活废污水排放量 1.3919 亿 t，工业废污水排放量为 0.5723 亿 t。

供水量按水源性质分为地表水源供水量、地下水源供水量和其他水源供水量，地表水源供水量又分为蓄水工程、引水工程、提水工程供水三类。内陆河流域以蓄、引为主，地表水供水量占 70.5%，其中蓄水工程占 42.8%，引水工程占 22.9%，提水工程占 0.0%，跨流域调水占 4.8%；地下水供水量占 28.0%；其他水源供水量占 1.5%。

通过供需平衡分析发现，内陆河流域缺水量为 7.50 亿 m^3，缺水程度为 9.5%，属资源型缺水。

3.2.5　水质调查评价

内陆河流域水质监测站 56 个，从主要入河污水量和入河主要污染物来看，内陆河流域入河排污口 35 个，废污水入河量 0.97 亿 t，入河主要污染物中化学需氧量 0.39 万 t，氨氮 0.02 万 t。内陆河流域，评价水功能区 43 个，达标水功能区 36 个，达标率 83.7%；评价河长 2846.8km，达标河长 2510km，达标率 88.2%。该区主要超标项目为氨氮、化学需氧量。

泥沙情况：通过内陆河流域主要泥沙观测站实测年输沙量资料，统计昌马河昌马堡站年输沙量 473 万 t，比多年平均值 330 万 t 偏大 43.4%，比上年值 121 万 t 增大 290.6%；黑河莺落峡站 3.30 万 t，比多年平均值 203 万 t 偏小 98.4%，比上年值 42.4 万 t 减小 92.2%；杂木河九条岭站 17.0 万 t，比多年平均值 10.1 万 t 偏大 68.2%，比上年值 21.5 万 t 减小 21.0%；洗河红旗站 75.3 万 t，比多年平均值 2096 万 t 偏小 96.4%，比上年值 454 万 t 减小 83.4%。

3.2.6　主要水灾害情况

1. 旱情

2021 年甘肃省降水偏少、气温偏高，旱情主要特征如下：

（1）气温偏高。7 月全省平均气温 22℃，较常年同期偏高 1.6℃，为近 15 年同期次高，最高气温 29.4℃为近 60 年第三高；8 月上旬全省大部地方气温偏高，武威市东部偏高 1～3℃。

（2）降水总体偏少。7 月降水较常年同期偏少七成，为 1961 年以来最少，绝大部分地方降雨量在 10mm 以下。

（3）河流来水偏枯。7—8 月上旬，全省主要河流来水量总体偏枯三成，其中内陆河流域偏枯一成，大中型水库蓄水量较多年同期均值偏少三成。

（4）墒情严重不足。据 8 月 15 日测墒情，0～30cm 土壤相对湿度，干旱程度比较严重。

2. 灾情

8 月中旬干旱高峰期，酒泉、张掖、武威等市州受灾，各地各级采取措施积极防御，人畜饮水基本得到保障，未发生大面积饮水困难。

3.3　内陆河流域水生态安全研究方法

水生态安全评价研究是一个多学科交叉领域，评价指标体系构建较复杂，不同学者有不同的见解，缺少对评价指标体系的分析优化方面研究[48,50-51,160-162]。由于水生态安全评价是一个带有模糊性、综合性的多指标系统评价过程，因而利用模糊数学方法在解决此类问题中理论上和实际操作上的显著优势，运用模糊系统分析法确定指标权重；运用改进生态位理论在分析地区水生态安全优先调控指标上的显著优势，确定水生态安全评价指标中优先调控指标[90,103]，优化评价指标体系；运用优化后的评价指标体系对内陆河流域水生态安全状况模糊综合评价。

3.3.1　基于 W‑SENCE 的水生态安全评价指标体系构建

本书遵循水生态安全评价指标体系构建中科学性、动态性、系统性、开放性、层次性和区域性原则，结合理论优选、实践经验、频次分析筛选水生态安全评价指标。根据甘肃省河西三大内陆河流域的水生态安全现实问题（过度放牧、水资源利用效率低，浪费严重、水利设施落后等），选取相对应的评价指标（牲畜头数、蓄水量、引水量等）。结合实践分析，以 W‑SENCE 模型为基础，以水生态文明、山水林田湖草为生命共同体系统治理理念为指导，从水生态安全的社会经济属性和自然属性（资源属性、环境属性、生态属性、灾害属性）出发，构建水生态安全初步评价指标体系，见表 3‑1。

表 3‑1　　　　　基于 W‑SENCE 模型水生态安全初步评价指标体系

水生态安全概念框架	属　　性	评　价　指　标	内陆河流域优选指标
NCE（自然复合生态系统）	资源属性	河川基流量、地表水资源量、水资源总量、平均水量、年均降水量	牲畜头数、蓄水量、引水量
	环境属性	生态环境用水量、流域计算面积、产水系数、产水模数、径流深	
	生态属性	节水灌溉面积、农田灌溉水量、林木渔畜用水量、工业用水量、建筑业用水量、居民生活用水量	
	灾害属性	城镇居民生活废污水量、废污水排放量、达标排放量	
S（社会）	人文属性	人口、农田有效灌溉面积万亩、农田实灌面积	
E（经济）	经济属性	GDP、工业增加值、地表水源供应量、地下水源供应量、粮食产量	

3.3.2　水生态安全评价指标体系内陆河流域水生态安全模糊系统分析

1. 建立模糊矩阵 R

将标准化的数据 x_{ik} 和 x_{jk} 代入式（3‑1）。

$$\gamma_{ij} = \sum_{k=1}^{m} x_{ik} \cdot x_{jk}, (i \neq j) \tag{3-1}$$

$$\gamma_{ij} = 1, (i = j) \tag{3-2}$$

式中：x_{ik} 为第 i 流域第 k 项指标（水生态安全评价指标）的无量纲参数；x_{jk} 为第 j 流域第 k 项指标的无量纲参数；m 为样本（流域）总数。由此构造的矩阵 $(\gamma_{ij})_{n \times n}$ 称为模糊矩阵。

2．建立模糊相关矩阵 U

$$U = \begin{bmatrix} a_{11} & a_{12} & \cdots & a_{1n} \\ a_{21} & a_{22} & \cdots & a_{2n} \\ \vdots & \vdots & & \vdots \\ a_{n1} & a_{n2} & \cdots & a_{nn} \end{bmatrix} a_{ij} \in [0, 1] \tag{3-3}$$

式中：a_{ij} 为矩阵元，$i = 1, 2, \cdots, n$。

3．模糊相关程度分析

根据所建立的模糊相关矩阵，以最大矩阵元作为置信水平 λ，求得各指标的置信水平；根据模糊矩阵最大矩阵元定理，由式（3-4）得到指标权重：

$$W_i = \frac{1 - \lambda_i}{\sum_{i=1}^{n} (1 - \lambda_i)} \tag{3-4}$$

式中：W_i 为第 i 指标权重；λ_i 为第 i 指标置信水平；$i = 1, 2, \cdots, n$。

3.3.3　水生态安全评价指标体系优化

Hutchinson 认为，生态位是一个 n 维超体积变量，它的 n 个坐标轴包括决定某一物种生存状态的关键物理环境因子。生态位计算简单、可操作性强，已成为众多理论与野外研究基础，被广泛应用于栖息地选择、物种时空分布动态与保护、群落演化等方面。本书采用应用最广泛的 Levins 生态位宽度模型，一个流域上某一资源轴（水生态安全评价指标）的生态位宽度越大，说明该指标对流域水生态安全影响越小，不是控制性指标。反之，则需考虑优先调控。将模糊数学中的隶属度概念引入生态位的计算中，在计算生态位宽度之前，将各资源轴划分为不同的梯度，计算各典型流域属于各资源轴不同梯度的概率，将 Levins 生态位宽度模型改进为式（3-5），运用式（3-5）计算生态位宽度。

$$B_i = \frac{1}{\sum_{j=1}^{R} (P_{ij} \gamma_{ij})^2} \tag{3-5}$$

式中：B_i 为流域的生态位宽度；P_{ij} 为流域 i 在梯度 j 上的数量占二者总数量的比例，%；R 为梯度的等级总数；γ_{ij} 为流域 i 在梯度 j 上的隶属度，取值范围为 $[0, 1]$。

3.3.4　模糊综合评价

用已经建立优化后的水生态安全评价指标体系，进行水生态安全模糊综合评价，得到的评价向量是因素权重向量与模糊矩阵合成的结果。即

$$Y = R \cdot X = (y_1, y_2, \cdots, y_n)^{\mathrm{T}} \tag{3-6}$$

式中：Y 为评价向量（$y_1, y_2, \cdots, y_n$ 为各年综合评价指数）；R 为标准化的评价指标矩阵（标准化数据组成的矩阵）；X 为评价权重向量（评价指标权重组成的向量）；T 为向量转置符号。

3.4 河西内陆河流域水生态安全评价实证研究

3.4.1 数据来源

本书水资源、水环境相关数据主要来源于 2014—2017 年甘肃省水文局相关统计资料及《甘肃省水资源公报》，与水相关的社会经济数据来源于《甘肃省统计年鉴》《中国水土保持公报》《中国环境统计年鉴》，部分水管理类数据来源于甘肃省政府水利部门公开信息及年度报告。

3.4.2 河西走廊三大内陆河流域水生态安全状况评价

1. 数据标准化处理

在水生态安全初步评价指标体系建立后，需要对指标数据标准化处理，按统一的"标准"进行调整，消除由于单位不同造成的影响。本实证研究中以 2017 年数据为例，指标数据标准化处理如下：

对于越大越安全的指标：

$$y_{ij} = (x_{ij} - \min x_i)/(\max x_i - \min x_i) \tag{3-7}$$

对于越小越安全的指标：

$$y_{ij} = (\max x_i - x_{ij})/(\max x_i - \min x_i) \tag{3-8}$$

式中：y_{ij} 为第 i 行 j 列标准化数据；$\max x_i$ 为第 i 行最大值；$\min x_i$ 为第 i 行最小值。

根据式（3-7）、式（3-8）对河西走廊三大内陆河流域水生态安全评价指标数据标准化处理，结果见表 3-2。

表 3-2 水生态安全评价指标标准化

指标编号	评价指标	疏勒河	黑河	石羊河	指标编号	评价指标	疏勒河	黑河	石羊河
B1	人口	0.9013	0.6164	0.5834	B18	产水模数	0.0238	0.1665	0.1732
B2	GDP	0.8104	0.5354	0.6700	B19	蓄水量	0.9253	0.9630	1.0000
B3	工业增加值	0.6805	0.3207	0.5039	B20	引水量	0.0427	1.0000	0.0567
B4	耕地面积	0.8280	0.5565	0.6224	B21	地表水资源供应量	0.3996	1.0000	0.5354
B5	农田有效灌溉面积	0.6818	0.0000	0.2713	B22	地下水资源供应量	0.3740	1.0000	0.7816
B6	农田实灌面积	0.6716	0.0000	0.3593	B23	农田灌溉水量	0.5960	0.0000	0.4041
B7	粮食产量	0.9609	0.3548	0.4323	B24	林木渔畜用水量	0.7471	0.0000	0.6078
B8	牲畜头数	0.6713	0.0000	0.1583	B25	工业用水量	0.6650	0.1997	0.2125
B9	河流年均水量	0.7096	0.4429	0.3744	B26	建筑业用水量	0.8485	0.6258	0.7944
B10	流域计算面积	0.0000	0.6515	0.7614	B27	居民生活用水量	0.8995	0.5693	0.6184
B11	径流深	0.0275	0.1553	0.1468	B28	生态环境用水量	0.6728	1.0000	0.4616
B12	年均降水量	0.2060	0.2071	0.1489	B29	经济社会用水量	0.6073	0.0000	0.3996
B13	河川基流量	0.1055	0.2596	0.1749	B30	城镇居民生活废污水产生量	0.9570	0.6659	0.4991
B14	地表水资源量	0.2697	0.3151	0.2055	B31	废污水排放量	0.7441	0.4057	0.4511
B15	地下水资源量	0.4898	0.8661	0.4590	B32	达标排放量	0.1327	0.2215	0.2526
B16	水资源总量	0.2745	0.3415	0.2415	B33	节水灌溉面积	0.4058	0.8388	1.0000
B17	产水系数	0.5833	0.6667	0.4167					

2. 基于改进生态位理论的水生态安全优先调控指标确定

应用模糊数学中隶属度的概念，运用改进生态位理论，以 33 个评价指标为资源轴，计算其不同梯度上的隶属度及生态位宽度，采用隶属函数[35] 计算各流域的水生态安全评价指标隶属度，根据式（3-5）计算河西走廊三大内陆河流域在 33 个资源轴上的生态位宽度，各流域及指标的生态位宽度值见表 3-3。

表 3-3　　　　　　　　三大内陆河流域在 33 个资源轴上的生态位宽度

项目编号	疏勒河	黑河	石羊河	指标生态位宽度均值	项目编号	疏勒河	黑河	石羊河	指标生态位宽度均值	项目编号	疏勒河	黑河	石羊河	指标生态位宽度均值
B1	1.0000	9.9397	11.1150	9.2333	B12	8.6641	8.6075	11.1105	9.4607	B23	10.6027	1.0000	9.6942	7.09896
B2	1.0000	14.2330	8.8119	2.3553	B13	16.3368	7.1427	9.3333	10.93761	B24	7.6464	1.0000	10.1973	6.281254
B3	8.6495	7.0969	18.1197	9.4565	B14	7.0540	7.0690	8.6903	7.604419	B25	8.8934	7.8576	8.3499	8.366962
B4	1.0000	12.5780	9.7762	10.2856	B15	7.9762	1.0000	8.3138	5.763345	B26	9.6890	1.0000	1.0000	3.896318
B5	8.6300	1.0000	7.0439	10.1355	B16	7.0267	7.1877	7.4282	7.214204	B27	1.0000	11.8091	9.8838	7.564317
B6	8.7865	1.0000	12.4947	8.1474	B17	11.1195	8.8654	9.2430	9.742607	B28	8.7676	1.0000	8.2776	6.015047
B7	9.9321	8.8119	7.0386	B18	1.0000	9.8642	9.4386	6.767617	B29	10.2132	9.8823	7.03185
B8	8.7912	1.0000	10.4161	7.3212	B19	1.0000	1.0000	1.0000	1	B30	1.0000	8.8785	7.9010	5.9265
B9	8.2293	8.5833	11.2789	9.4928	B20	1.0000	1.0000	39.8644	13.9548	B31	7.6980	9.6310	8.4357	8.588209
B10	1.0000	9.1315	1.0000	8.1031	B21	9.8823	14.2330	8.37178	B32	12.5530	7.9882	7.2322	9.257792
B11	1.0000	10.6294	11.2774	1.0000	B22	11.3067	1.0000	4.435581	B33	9.6271	1.0000	3.875694
生态位宽度平均值	6.3774	6.1428	9.4441		生态位宽度平均值	6.3774	6.1428	9.4441		生态位宽度平均值	6.3774	6.1428	9.4441	

指标 B3（工业增加值）、B13（河川基流量）、B17（产水系数）、B20（引水量）的生态位宽度值相对最大，指标对水生态安全状况的影响相对最小，因此运用改进生态位理论在优化评价指标体系过程中将这 4 个指标剔除，得到了优化后评价指标体系，见表 3-4。

表 3-4　　　　　　　　　　优化后评价指标体系

指标编号	评价指标	指标编号	评价指标	指标编号	评价指标	指标编号	评价指标
C1	人口	C9	流域计算面积	C17	地表水资源供应量	C25	经济社会用水量
C2	GDP	C10	径流深	C18	地下水资源供应量	C26	城镇居民生活废污水量
C3	耕地面积	C11	年均降水量	C19	农田灌溉水量	C27	废污水排放量
C4	农田有效灌溉面积	C12	地表水资源量	C20	林木渔畜用水量	C28	达标排放量
C5	农田实灌面积	C13	地下水资源量	C21	工业用水量	C29	节水灌溉面积
C6	粮食产量	C14	水资源总量	C22	建筑业用水量		
C7	牲畜	C15	产水模数	C23	居民生活用水量		
C8	河流年均水量	C16	蓄水量	C24	生态环境用水量		

3. 模糊系统分析

根据所建立的模糊相关矩阵以最大矩阵元作为置信水平，求得各指标的置信水平。根据式（3-4）计算各评价指标的指标权重，得到优化后水生态安全评价指标体系 29 指标的指标权重，见表 3-5。

表 3-5　　　　　　　　　　　　优化后的 28 评价指标权重

指标体系编号	指标权重	指标体系编号	指标权重	指标体系编号	指标权重
C1	0.0134	C11	0.0578	C21	0.0111
C2	0.0068	C12	0.0571	C22	0.0047
C3	0.0111	C13	0.0549	C23	0.01
C4	0.0023	C14	0.0568	C24	0.0599
C5	0.0018	C15	0.0432	C25	0.0021
C6	0.0128	C16	0.0618	C26	0.0077
C7	0.0126	C17	0.0612	C27	0.0081
C8	0.0476	C18	0.0633	C28	0.0573
C9	0.0035	C19	0.0007	C29	0.0578
C10	0.0434	C20	0.0001		

4. 模糊综合评价

对 2014—2017 年河西走廊三大内陆河流域（疏勒河、黑河、石羊河）的水生态安全状况进行模糊综合评价，根据表 3-2（数据标准化）和表 3-5（指标权重），由式（3-6）计算得到河西走廊三大内陆河流域连续 4 年的水生态安全状况评价向量：

$$Y_{2014} = (0.268, 0.480, 0.534) \ T$$
$$Y_{2015} = (0.294, 0.475, 0.487) \ T$$
$$Y_{2016} = (0.132, 0.401, 0.629) \ T$$
$$Y_{2017} = (0.223, 0.294, 0.658) \ T$$

3.4.3　结果与分析

1. 改进生态位理论优化评价指标体系

根据水生态安全评价指标体系中各资源轴（水生态安全评价指标）的平均生态位宽度可以看出，指标 B3（工业增加值）、B13（河川基流量）、B17（产水系数）、B20（引水量）的生态位宽度值相对最大，分别为 9.457、10.938、9.743、13.955。表明以上指标对当前水生态安全评价指标体系影响最小，对河西走廊三大内陆河流域的水生态安全状况影响较小，为次要影响因子，因而在最终优化评价指标体系中将这几个指标剔除。疏勒河、黑河、石羊河的平均生态位宽度值分别为 6.3774、6.1428、9.4441，总体上三大内陆河流域生态位宽度值接近，表明在当前指标体系下适应性接近，需要根据实际评价指标状况进行针对性调控。

2. 模糊系统分析确定最主要影响因子

通过模糊系统分析（图 3-1），指标 C11（年均降水量）、C16（蓄水量）、C17（地表

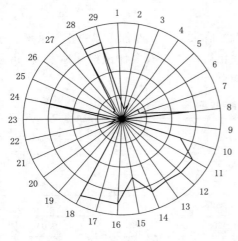

图 3-1　评价指标相关性分析

水资源供应量）、C18（地下水资源供应量）、C24（生态环境用水量）、C29（节水灌溉面积）的指标权重相对最大，累计指标权重达 36.18％，为影响河西走廊三大内陆河流域水生态安全状况的最主要影响因子，指标 C5（农田实灌面积）、C19（农田灌溉水量）、C20（林木渔畜用水量）、C25（经济社会用水量）指标权重小，累计指标权重为 0.46％，为次要影响因子。

3. 甘肃境内流域水生态安全状况分析

参考前人研究成果[164-168]，参照 2016 年水利部等部门联合发布的《江河生态安全调查与评估技术指南》、2013 年环境保护部发布的《流域生态健康评估技术指南》，将评价结果分为 3 级：$y \geqslant 0.45$ 为Ⅰ级（安全区），$0.3 \leqslant y < 0.45$ 为Ⅱ级（中等安全区），$y < 0.3$ 为Ⅲ级（不安全区）。河西走廊三大内陆河流域水生态安全状况的模糊综合评价结果显示：黑河流域连续 4 年水生态安全状况处于Ⅰ级（安全）区，且逐年向好；石羊河流域 2014 年、2015 年水生态安全状况处于Ⅰ级（安全）区，2016 年处于Ⅱ级（中等）区，2017 年处于Ⅲ级（不安全）区，水生态安全状况线性预测呈下降趋势，需要予以关注；而疏勒河流域连续 4 年水生态安全状况均处于Ⅲ级（不安全）区，模糊综合评价指数在 0.2 左右徘徊，线性预测呈缓慢下降趋势，整体水生态安全状况最差（图 3-2）。

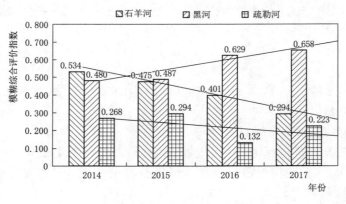

图 3-2　模糊综合评价指数

3.5　河西内陆河流域水生态安全调控对策建议

基于流域与水有关的经济、社会、自然复合系统（W-SENCE）的交互关系，结合水安全评价相关研究成果[48,50,51,161,162]，构建流域水生态安全评价指标体系，运用模糊系统分析及改进生态位理论优化评价指标体系，运用优化后评价指标体系对甘肃河西三大内陆河流域水生态安全状况模糊综合评价，结果表明：

（1）2014—2017年，黑河流域模糊综合评价指数均在0.45以上，其线性预测变化呈逐年上升趋势，水生态安全状况持续向好，相对最好。石羊河流域模糊综合评价指数由2014年的0.5逐渐下降到2017年的0.3以下，由安全区逐渐迈向不安全区，线性预测变化趋势持续下降。疏勒河模糊综合评价指数在0.2左右徘徊，同时线性预测呈缓慢下降趋势，水生态安全状况相对最差。因此今后需重点加大对石羊河、疏勒河水生态安全治理力度，避免形势恶化，尤其要将疏勒河流域作为内陆河流域治理重点。这与当前三大内陆河流域系列生态恶化事件反映出的生态环境破坏现状相吻合，通过模糊综合评价得到了较客观的评价结果。

（2）通过模糊系统分析，指标年均降水量、蓄水量、地表水源供应量、地下水资源供应量、生态环境用水量、节水灌溉面积的指标权重相对最大，分别为0.0578、0.0618、0.0612、0.0633、0.0599、0.0578，累计指标权重达36.18%，对流域的水生态安全状况影响最大，表明内陆河流域通过蓄水等措施增加供水量、加大生态环境用水、提高农业节水对提高水生态安全具有重要作用。因此，加大基础水利设施投入，发展节水灌溉农业，保护生态环境是当前提高河西内陆河流域水生态安全状况的最有效措施，凸显了内陆河流域经济社会发展受水资源制约大，发展节水灌溉农业措施也与现实需要完全相符。

（3）根据改进生态位理论优化水生态安全初步评价指标体系，工业增加值、河川基流量、产水系数、引水量这4个指标的生态位宽度值相对最大，分别为18.1、10.9、9.7、14.0，其对河西走廊三大内陆河流域的水生态安全状况影响不大，予以剔除，得到优化后29指标构成的评价指标体系（表3-5）。表明引水量、基流量、工业增加值对内陆河流域水生态安全影响不大，这可能由于各流域上述指标差异不明显，不是限制性因子。

基于流域与水有关的经济、社会、自然复合系统（W-SENCE）交互关系，从水的基本属性出发，构建流域水生态安全结构模型，和以往研究相比[57,94,100,141,153,154]，克服了常规PSR模型缺乏对系统结构和决策过程有效把握的缺点，较全面地涵盖了流域水生态安全状况的主要影响因子。采用改进生态位理论优化评价指标体系，剔除4个影响流域水生态安全状况的次要影响因子，得到了优化评价指标体系。采用模糊系统分析的方法确定评价指标体系权重，克服了以往研究根据层次分析法和专家打分法获得，具有较大主观性的缺点。模糊系统分析结果表明，加大基础水利设施投入，发展节水灌溉农业，保护生态环境，是当前提高河西内陆河流域水生态安全状况的最有效措施，这为流域水行政管理及其水资源规划提供借鉴，可为黄河、长江流域的高质量发展提供参考。通过模糊综合评价，得到三大内陆河流域2014—2017年的水生态安全状况模糊综合评价结果，从水生态安全评价结果年际变化趋势来看，石羊河和疏勒河流域水生态安全状况有所恶化，应作为今后内陆河流域重点治理区域，河西内陆河流域"整体改善，局部恶化"的趋势还没有根本扭转，评价结果基本符合流域当前实际状况，这也验证了该评价方法的科学性和可行性。流域水生态安全评价是生态安全研究的重要内容，是水生态文明建设的内在需要，提升流域水生态安全状况，做好流域水生态风险防控，今后需在水生态安全预警方面进行更多探索。

第 4 章

北方四城市水生态安全评价研究
——以北京、西安、兰州、西宁为例

4.1 区域水生态安全研究概况

　　针对城市水生态安全评价的不确定性与模糊性特征，运用基于模糊系统分析的方法对北方四城市（北京、西安、兰州、西宁）的水生态安全评价指标体系分析并优化，并对北方四城市水生态安全状况进行模糊综合评价研究，以揭示影响城市水生态安全的主要影响因子，结果表明：北方四城市（北京、西安、兰州、西宁）的水生态安全受人类经济社会活动影响较大，利用本方法进行水生态安全评价是合理可行的，可为区域水生态安全管理提供科学依据。

　　水生态安全问题已经成为北方城市经济社会发展的重要制约因子[168]，水生态系统是一个自然-社会-经济复合的生态系统[169]。目前关于水生态安全和评价体系方面的研究已经比较多，如严立冬等[149]、张曰良[170]、靳春玲等[164]、惠秀娟等[171] 对城市建设中所面临的水生态安全问题，水生态文明建设实践和城市水安全评价方面做了初步探索，基本解决了关于水生态安全的一些定性的概念、内涵及对策探讨。黄昌硕等[103]、蓝庆新等[172]、李万莲[96] 在水生态安全评价方法、评价指标体系的构建方面进行了积极探索研究，为水生态安全评价提供了一定的研究思路，为后期定量的研究与分析奠定了基础。目前国内水生态安全评价的方法主要有层次分析法，主成分分析法、综合指数法等，缺乏一定的创新[173]。而由于城市水生态这个大系统的复杂性，决定了水生态安全评价的不确定性和模糊性[174]，因此基于模糊系统分析的方法应用于水生态安全评价也就具有了独特的理论优势。该文在对前人工作的深入研究基础上[141,175-180]，将模糊系统分析的方法运用于北方四城市的水生态安全评价，得到了客观的评价结果，为区域水生态安全评价指标体系构建提供理论依据，最终为区域水生态安全管理服务。目前关于北方城市的区域水生态安全评价方面研究并不多见，北方地区城市水生态安全建设还缺乏与之相适应的理论指导，对于城市水生态安全意识也有待进一步提高；因此深入研究北方地区水生态安全具有重要意义。

4.2 北方四城市水生态安全概况

　　从经济水平、人口潜力、资源优势、市场表现等角度综合了解北方四城市区域水生态安全状况。从基本面和市场表现来看，北京和西安相对较好，而兰州和西宁表现相对较弱。从经济规模上看，北京、西安经济规模较大，基础较强，而西宁和兰州经济规模较小，体量较小；从经济增长来看，西宁和西安 GDP 增长较快，超过全国平均增速 6 个百分点；从人均 GDP 来看，北京属于高水平，西安经济发展属于中等水平，兰州和西宁经济发展属于低水平。从产业结构来看，北方四城市三产占比均较高，服务行业发展较快；从财政实力来看，北京和西安城市政府财政实力较强，西宁财政实力一般，兰州财政实力相对较弱；从投资规模来看，西安固定资产投资规模大，城市经济吸引力强，西宁和兰州固定资产投资规模小，城市吸引力较小，但 2 座城市的固定资产投资增长较快；从消费规模来看，北京和西安消费规模大，居民生活水平高，兰州和西宁消费规模较小，居民生活水平偏低，西安、西宁、兰州 3 座城市的城市社会消费品零售总额增长较快，均超过全国平均水平 4 个百分点。北京和西安城市人口潜力较大，城市吸引力旺盛，兰州和西宁小学在校生规模也相对较大，前在需求旺盛。从资源情况来看，西宁空气质量相对最好，兰州空气质量相对较好，西安相对最差。

北京天然河道自西向东贯穿五大水系：拒马河水系、永定河水系、北运河水系、潮白河水系、蓟运河水系。多由西北部山地发源，向东南蜿蜒流经平原地区，最后分别汇入渤海。地下水多年平均补给量约为 29.21 亿 m^3，平均年可开采量约 24 亿～25 亿 m^3。一次性天然水资源年平均总量为 55.21 亿 m^3。2013 年北京市总用水量 35.3 亿 m^3，比 2012 年增长 1.4%。其中，生活用水 14.5 亿 m^3，增长 4.3%；工业用水 5.6 亿 m^3，下降 3.4%；农业用水 12 亿 m^3，下降 3.2%。西安市区东有灞河、浐河，南有潏河、滈河，西有皂河、沣河，北有渭河、泾河，此外还有黑河、石川河、涝河、零河等较大河流。其中绝大多数属黄河流域的渭河水系。渭河横贯西安市境内约 150km，年径流量为 25 亿 m^3。西安地下水储量估算，总计约 19.91 亿 m^3。黑河水利枢纽主体工程每年向西安供水 4 亿 m^3，形成日供水能力 120 万 t，加上地下水资源，市区日供水能力可达 172 万 t，基本满足城市生产生活用水。青海地处黄河、长江、澜沧江源头，境内河流纵横，而且河床陡峭，河谷狭窄，落差较大，蕴藏着丰富的水能资源，尤以黄河、长江水能资源最为集中，开发潜力极大。西宁地表水和地下水也十分丰富，湟水河贯穿市区，全年径流量 18.94 亿 m^3，自产地表水资源量 7.01 亿 m^3，地下水资源量 6.98 亿 m^3，水资源量 13.99 亿 m^3。

4.3　区域水生态安全评价研究方法

4.3.1　北方四城市水生态安全评价指标体系构建

从数据的可获得性与指标的可靠性等方面出发构建了一个涵盖与水有关的经济（人均 GDP、经济社会全年用水量、第三产业增加值占 GDP 比例等）、环境（绿地率、森林覆盖率、生活垃圾无害化处理率等）、生态（年降水量、地表水资源量、地下水资源量等）的水生态安全评价指标体系（表 4-1）。

表 4 - 1　　　　　　　　　　北方四城市水生态安全评价指标体系

编号	指　标	编号	指　标	编号	指　标	编号	指　标
1	人均 GDP	11	第三产业投资	21	每千人卫生技术人员数	31	蔬菜产量
2	第三产业增加值占 GDP 比例	12	居民消费价格指数	22	平均气温	32	工业废水排放量
3	农林牧渔增加值	13	旅游收入	23	年降水量	33	生活污水产生量
4	水利环境投资	14	城乡居民存款余额	24	日照总数	34	森林覆盖率
5	城镇居民人均收入	15	全年空气质量优良天数	25	水资源总量	35	城市污水处理率
6	农民人均纯收入	16	高等学校在校生人数	26	地表水资源量	36	绿地率
7	居民年均生活用水量	17	每千人卫生技术人员	27	地下水资源量	37	生活垃圾无害化处理率
8	文化产业增加值	18	常住人口	28	实有耕地面积	38	人均水资源量
9	道路交通万人死亡	19	失业率	29	有效灌溉面积		
10	粮食总产量	20	城镇恩格系数	30	经济社会全年用水量		

　　由于水生态安全评价是多指标体系，各指标的单位不同、量纲不同、数量级不同，不便于分析，甚至会影响评价的结果，因此需要对所有的评价指标进行标准化处理，以消除量纲，将其转化成无量纲级差别的 0～1 的值，然后进行分析评价，计算公式如下。

$$\mu_{ik} = (\max x_i - x_{ik})/(\max x_i - \min x_i) \tag{4-1}$$

$$\mu_{ik} = (x_{ik} - \min x_i)/(\max x_i - \min x_i) \tag{4-2}$$

式中：μ_{ik} 为第 i 城市第 k 指标标准化值；x_{ik} 为第 i 城市第 k 指标值；$\max x_i$ 为第 i 城市评价指标最大值；$\min x_i$ 为第 i 城市评价指标最小值。

　　对于越大越安全的指标（1、2、3、5、6、7、9、10、11、12、13、18、28、30、32、33）采用式（4-1），越小越安全的指标（剩余其他指标）采用式（4-2）。

4.3.2　城市水生态安全评价指标模糊系统分析及优化

　　第一步：建立模糊矩阵 R，将标准化的数据 μ_{ik} 和 μ_{jk} 代入。

$$\gamma_{ij} = \begin{cases} \sum_{k=1}^{m} \mu_{ik} \cdot \mu_{jk} & (i \neq j) \\ 1 & (i = j) \end{cases} \tag{4-3}$$

式中：μ_{ik} 为第 i 城市第 k 指标的无量纲参数；μ_{jk} 为第 j 城市第 k 指标无量纲参数。m 为评价指标总数；由此构造的矩阵 $(\gamma_{ij})_{n \times n}$ 称为模糊矩阵。

　　第二步：建立模糊相关矩阵 U，以相关隶属函数表征矩阵元，构造的矩阵为模糊相关矩阵。

$$a_{ij} = \left| \frac{\sum_{k=1}^{m} (\mu_{ik} - \overline{\mu_i})(\mu_{jk} - \overline{\mu_j})}{\sqrt{\sum_{k=1}^{m} (x_{ik} - \overline{a_i})^2 \sum_{k=1}^{m} (x_{jk} - \overline{a_j})^2}} \right| \tag{4-4}$$

式中： $\overline{a_i} = \dfrac{1}{m}\sum\limits_{k=1}^{m} a_{ik}$ ；$\overline{a_j} = \dfrac{1}{m}\sum\limits_{k=1}^{m} a_{jk}$ ；i ，j ，$k = 1$ ，2 ，$\cdots$ ，m ；x_{ik} 为第 i 城市第 k 指标值；x_{jk} 为第 j 城市第 k 指标值。将式（4-4）代入下式。

$$U = \begin{bmatrix} a_{11} & a_{12} & \cdots & a_{1n} \\ a_{21} & a_{22} & \cdots & a_{2n} \\ \vdots & \vdots & & \\ a_{n1} & a_{n2} & \cdots & a_{nn} \end{bmatrix} \tag{4-5}$$

式中：a_{ij} 为模糊矩阵元，$a_{ij} \in [0, 1]$ 。

第三步：求评价指标置信水平和指标权重；根据所建立的模糊相关矩阵 U ，以最大矩阵元所在行得各指标置信水平；在相关矩阵 U 中最大矩阵元所在行的值即为各指标的置信水平值。根据模糊矩阵最大矩阵元定理，得到四城市水生态安全评价指标的因素权重，如下式：

$$W_k = \dfrac{1 - \lambda_k}{\sum\limits_{k=1}^{n}(1 - \lambda_k)} \tag{4-6}$$

式中：W_k 为第 k 指标权重；λ_k 为第 k 指标置信水平。$k = 1$ ，2 ，$\cdots$ ，n 。

在指标体系优化过程中，结合各评价指标间的强相关关系（由第二步所建立模糊相关矩阵 U 得出各指标间的强相关关系），结合指标间相关分析可以对四城市的水生态安全评价指标体系进行优化，得到最终优化后的水生态安全评价指标体系。

4.3.3 城市水生态安全状况评价

用优化后的水生态安全评价指标体系对四城市的水生态安全状况模糊综合评价，如下式：

$$Y = R \cdot X = (y_1, y_2, \cdots, y_n)^{\mathrm{T}} \tag{4-7}$$

式中：Y 为评价向量；R 为标准化的评价指标矩阵；X 为评价权重向量。

4.4 北方四城市水生态安全评价

根据以上研究方法，对北方四城市水生态安全状况进行评价。四城市的水生态安全评价指标的标准化见表 4-2。

表 4-2 四城市水生态安全评价指标数据标准化结果

指标体系编号	兰州	西安	北京	西宁	指标体系编号	兰州	西安	北京	西宁
1	0.8748	0.8227	0	1	6	0.9778	0.8825	0	1
2	0.629	0.5996	0	1	7	0.8854	0.6424		1
3	1	0	0.2609	0.9675	8	0.8621	0	0.466	1
4	0.6593	0.2837	0	1	9	0.9037	0.4277	0	1
5	1	0.6398	0	0.8427	10	0	0.8749	0.25	1

续表

指标体系编号	兰州	西安	北京	西宁	指标体系编号	兰州	西安	北京	西宁
11	0.9669	0.827	0	1	25	0.0522	0.2437	1	0
12	0.9254	0.6588	0	1	26	0.6231	1	0.7536	0
13	0.1322	0	0.1332	1	27	0	0.2453	1	0.1304
14	0.9955	0.9939	0	1	28	0.9953	0	1	0.435
15	0.1375	0.525	1	0	29	1	0.0187	0.0672	0
16	0.9453	0.8138	0	1	30	1	0.0284	0.0291	0
17	0.6573	1	0.3279	0	31	0.1792	0.4035	1	0
18	0.0648	0.8243	1	0	32	0.1262	1	0.7096	0
19	0.106	1	0.9469	0	33	0.8611	0.9896	1	0
20	0.8913	0.942	0	1	34	0	1	0.9659	0.6365
21	0.4984	1	0.7818	0	35	0	0.9666	0.7666	1
22	0	1	0.9411	0.0441	36	0	0.4923	1	0.4215
23	0.1981	1	0	0.7972	37	0	0.9396	1	0.9015
24	1	0.2	0	0.8	38	1	0.4992	0.2243	0

　　建立模糊矩阵 R 和模糊相关矩阵 U，以最大矩阵元作为置信水平 λ，由第一步和第二步中式（4-3）、式（4-4）、式（4-5），求得四城市的水生态安全评价指标的置信水平见表 4-3。

表 4-3　　　　　　　　四城市水生态安全评价指标置信水平

指标体系编号	置信水平	指标体系编号	置信水平	指标体系编号	置信水平	指标体系编号	置信水平
1	0.9026	11	0.9347	21	0.5002	31	0.1945
2	0.7459	12	0.8648	22	0.3485	32	0.3758
3	0.659	13	0.3799	23	0.6675	33	0.618
4	0.6507	14	1	24	0.6694	34	0.5437
5	0.8306	15	0.2211	25	0.0988	35	0.6582
6	0.9569	16	0.9231	26	0.5419	36	0.3058
7	0.6311	17	0.5533	27	0.1257	37	0.6161
8	0.6238	18	0.2967	28	0.4787	38	0.5008
9	0.7804	19	0.3691	29	0.3404		
10	0.6276	20	0.9478	30	0.3437		

　　根据水生态安全评价指标体系各指标的置信水平 λ，由模糊矩阵最大矩阵元定理，由式（4-6）得到四城市水生态安全评价指标的指标权重，结合各评价指标间的强相关关系（由第二步所建立模糊相关矩阵 U 得出各指标间的强相关关系）和指标权重，将指标权重小且相关性强的指标 15、16、18、20、22、24、25、27、31、32、33、34、36 这 13 个指标去除，对四城市的水生态安全评价指标体系进行优化，最终得到 25 指标组成的优化后四

城市水生态安全评价指标体系及指标权重（表 4-4）。

表 4-4　　　　优化后四城市水生态安全评价指标体系及指标权重

指标体系编号	指标权重	指标体系编号	指标权重	指标体系编号	指标权重	指标体系编号	指标权重
1	0.0110	8	0.0425	17	0.0505	30	0.0742
2	0.0288	9	0.0248	19	0.0713	35	0.0387
3	0.0386	10	0.0421	21	0.0565	37	0.0434
4	0.0395	11	0.0074	23	0.0376	38	0.0565
5	0.0192	12	0.0153	26	0.0518		
6	0.0049	13	0.0701	28	0.0590		
7	0.0417	14		29	0.0746		

用优化后的水生态安全评价指标体系对北方四城市的水生态安全状况模糊综合评价，综合评价向量由表 4-4 得到的因素权重向量与由表 4-5 得到的模糊矩阵相乘得到。

表 4-5　　　　　　优化后的水生态安全评价指标数据标准化

指标体系编号	兰州	西安	北京	西宁	指标体系编号	兰州	西安	北京	西宁
1	0.8748	0.8227	0	1	14	0.9955	0.9939	0	1
2	0.629	0.5996	0	1	17	0.6573	1	0.3279	0
3	1	0	0.2609	0.9675	19	0.106	1	0.9469	0
4	0.6593	0.2837	0	1	21	0.4984	1	0.7818	0
5	1	0.6398	0	0.8427	23	0.1981	1	0	0.7972
6	0.9778	0.8825	0	1	26	0.6231	1	0.7536	0
7	0	0.8854	0.6424	1	28	0.9953	0	1	0.435
8	0.8621	0	0.466	1	29	1	0.0187	0.0672	0
9	0.9037	0.4277	0	1	30	1	0.0284	0.0291	0
10	0	0.8749	0.25	1	35	0	0.9666	0.7666	1
11	0.9669	0.827	0	1	37	0	0.9396	1	0.9015
12	0.9254	0.6588	0	1	38	1	0.4992	0.2243	0
13	0.1322	0	0.1332	1					

最终由式（4-7）计算得到北方四个城市水生态安全状况评价向量：

$$Y=(0.4428,0.4748,0.4818,0.4619)^T$$

4.5　区域水生态安全评价结果及分析

4.5.1　城市水生态安全综合评价指数整体趋势

从评价结果来看，北方四城市的水生态安全综合评价指数北京＞西安＞西宁＞兰州

（图 4-1）。

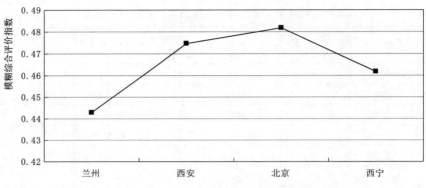

图 4-1　北方四城市模糊综合评价指数

　　北京市水生态安全状况相比而言最好，其综合评价指数为 0.4818，兰州市水生态安全状况最差，为 0.4428。参照前人研究成果[141]，按照评价向量将评价结果分为 3 级（表 4-6），$y \geqslant 0.45$ 为 I 级，$0.3 \leqslant y < 0.45$ 为 II 级，$y < 0.3$ 为 III 级。因而北京、西安、西宁三城市水生态安全状况为 I 级，兰州市水生态安全状况为 II 级。从这个评价结果也说明了兰州市水生态安全状况相较其他几个城市比较脆弱。

表 4-6　　　　　　　　　　　　　　四城市水生态安全状况分级

水生态安全等级	I	II	III
分级区间	$y \geqslant 0.45$	$0.3 \leqslant y < 0.45$	$y < 0.3$
城市	北京、西安、西宁	兰州	

4.5.2　城市水生态安全综合评价指标与各指标相关分析

　　由城市水生态安全综合评价指标与各指标相关分析（图 4-2）：纬线表示综合评价指标与各指标间相关系数从 0~0.08 排列，各指标对应的经纬线交接处为该指标与综合评价指标的相关系数，将各指标与综合评价指标相关系数对应值用粗直线相连，这样就较为直观得看出各指标与综合评价指标间相关性的大小关系。根据图 4-2，结合图 4-3，可以看出，影响城市水生态安全的主要影响因子中，29（有效灌溉面积）、30（经济社会全年用水量）、38（人均水资源量）、26（地表水资源量）、37（生活垃圾无害化处理率）、7（居民年均生活用水量）、35（城市污水处理率）、25（水资源总量）、19（失业率）、13（旅游收入）、28（实有耕地面积）、21（每千人卫生技术人员数）、8（文化产业增加值）、10（粮食总产量）、

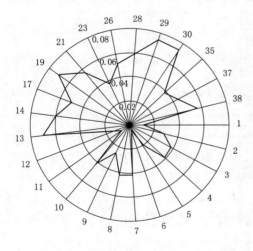

图 4-2　城市水生态安全评价综合
评价指标与各指标相关分析

15（全年空气质量优良天数）等这些指标对水生态安全综合评价指标影响较大，将这些指标的影响因子由大到小在图 3 横坐标中排列，从城市水生态安全评价指标累计贡献率（图 4-3）中可以看出，对水生态安全综合评价指标影响较大的这前 15 个指标累计贡献率达到 81.2%。

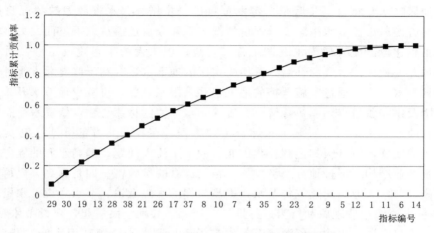

图 4-3　城市水生态安全评价指标累计贡献率

4.6　流域水生态对策及建议

4.6.1　主要结论

目前水生态安全评价的方法比较多，尚未形成公认统一的评价方法。本书以基于模糊系统分析的方法对北方四城市水生态安全评价指标体系进行分析并优化，利用模糊综合评价的方法对北方四城市水生态安全状况模糊综合评价研究，可为城市水生态安全管理提供理论支持，并得出了以下结论。北方四城市中北京、西安、西宁的水生态安全状况要比兰州市水生态安全状况好，北京的水生态安全状况相较而言最好。在北方四城市水生态安全的影响因子中，有效灌溉面积、经济社会全年用水量、人均水资源量、地表水资源量、生活垃圾无害化处理率、居民年均生活用水量、城市污水处理率、水资源总量、失业率、旅游收入、实有耕地面积、每千人卫生技术人员数、文化产业增加值、粮食总产量、全年空气质量优良天数这 15 个指标的影响较为突出，可以看出，北方四城市的水生态安全受人类经济社会活动影响较大，加大北方四城市的水利环境投资，加快城市生态旅游发展进度等与之相对应的举措对城市水生态安全水平的提高具有重要意义。城市水生态安全评价由于本身存在着模糊性和不确定性，这就决定了基于模糊系统分析的方法应用于该评价体系具有自身优越性，但模糊数学的方法牵扯到数学运算，计算过程较为繁琐，如何建立一个普遍适用的水生态安全评价指标体系及时为城市水生态安全状况动态预警，这将是以后工作的重点。

4.6.2　对策建议

在经济社会高速发展的今天，北方的缺水问题已成为全民非常关注的问题之一，虽然现在已采取了一系列的措施缓解水资源的供需缺口，但要想从根本上解决缺水问题，需要做的事情还很多，要彻底解决水资源供需矛盾所带来的一系列社会问题还需要一个长期的过程，且是一个艰巨的过程。

根据科技部、中国气象局等部门发布的《气候变化国家评估报告》预测看，未来数年我国北方地区降水量将进一步降低，蒸发量将进一步增强，水资源短缺状况将进一步加剧。根据北方四城市流域水生态安全评价情况来看，今后还需从以下方面发力。一是加强相关水利工程建设。尤其像南水北调工程，它是一项重大的生态建设工程，通过南水北调，可增加北方地区的水资源补给，置换受水区的地下水，有利于修复北方水环境。二是严格限制地下水开采。通过实施严格的地下水开采限制制度，可减少地下水开采量，使地下水位下降及供需矛盾得到有效缓解，有效遏制水环境的持续恶化，修复水生态环境，从而增加农民收入。三是加大区域生态综合治理工程。在我国北方部分地区已实施退耕还林，该工程的实施，可从根本上解决我国北方的水土流失问题，提高水源的涵养能力，还可通过调整产业结构，促进地方经济发展和帮助群众脱贫致富。四是提高人民群众节水意识，发展高效节水农业。通过宣传节水，提高人们的水患意识、节水意识、水资源保护意识；对各种水资源浪费现象和行为进行批评或严惩，鼓励全民一起，建设节水型新社会。中国是一个人口大国，人均水资源匮乏，供需矛盾加剧；水资源利用率低，开发不合理；水资源分配不均；污染问题严重，必须把节水提升一个台阶，共同提高节水意识，节水的潜力也是巨大的。同时从经济上去制约人们的水资源利用行为，实施阶梯水价，制定用水惩奖措施，从根本上杜绝水资源浪费问题，实现水资源的"开源节流"。五是充分发挥政府的主导作用，对污染水环境（尤其是饮水水源）的企业及个体，一旦发现，立即勒令其停止污染水的行为，并加大惩罚力度，同时对相关人员进行素质教育。

第 5 章

甘肃省 17 流段水生态安全评价

作为生态环境至关重要的因素，水生态安全格局是生态安全格局的关键组成部分，科学评估水生态安全状况，进行生态系统管理及保护，对促进经济社会发展具有重要意义。

近年来，随着水生态文明理念深入发展，开展水生态保护，构建水生态安全保障体系是一项迫切的工作任务，水生态安全评价相关研究引起人们的广泛关注。甘肃深居内陆腹地，水资源相对匮乏，水旱灾害频繁，生态系统功能"局部改善、整体退化"局面还在持续，生态环境恶化趋势整体上还未得到遏制。尤其近年来，水资源供需矛盾突出，水污染现象日益严重，甘肃地区各流段水生态安全整体状况如何，水生态安全的影响因子主要有哪些还不清楚，因此对甘肃地区各流段水生态安全状况进行评价显得尤为重要[181-182]。

5.1　流域水生态安全研究概况

水生态安全评价是一个多指标，带有模糊性的综合评价过程，是一个多学科交叉领域。水生态安全没有公认的定义，指标体系构建比较复杂，实践应用中主观意识强，不同学者有不同的见解[48-51,161,165,183-184]。国内外学者关于水生态安全评价方面已经初步建立了一些基本模型和方法步骤[45,56,94,99,102,143,154]，但基本都是基于 PSR（压力-状态-响应）及其扩展模型，以人为选择方式分类，能够清楚地表明系统中的因果关系，但缺乏对系统结构和决策过程的有效把握，指标权重主要根据层次分析法和专家打分法获得，具有较大主观性，同时缺少对评价指标体系的分析优化方面研究。分析前人相关研究，需要完善以下三个方面：①水生态安全评价模型的建立要根据实际情况，考虑水生态安全的经济、社会、资源、环境方面的综合因素；②水生态安全评价是一个多学科交叉研究领域，研究复合生态系统问题需要运用生态学相关知识和理论；③前人的很多研究都很少涉及评价指标体系的优化问题，而对初步建立的评价指标体系的优化校准是一个非常重要的步骤[35,41,100,185-188]。因此，本书改进了构建水生态安全评价指标体系的概念框架，采用了基于 SENCE（社会-经济-自然复合生态系统）概念框架[158]，充分体现了人为因素与自然因素对水生态安全的综合影响，运用改进生态位理论及模糊系统分析优化其初步评价指标体系，最大限度降低评价指标体系的误差，使其更具科学性。本研究中，通过 2016—2018年 17 流段的实证研究，进一步校验评价方法和指标体系，对评价结果进行水生态安全状况分析及影响因子分析，其评价结果为研究区防灾减灾、保障生态安全、风险决策等工作提供了科学依据。

5.2 甘肃重点流域水生态安全概况

5.2.1 研究区域

甘肃省地处我国西北内陆中腹地带，位于北纬 32°31′～42°57′、东经 92°13′～108°46′，平面形态总体为"哑铃"形，呈北西—南东走向分布。甘肃省境内水资源主要分属黄河、长江、内陆河 3 个流域，9 个水系，年总地表径流量 174.5 亿 m³，流域面积 27 万 km²。本书选取典型代表的流域Ⅲ级区——17 个流段开展水生态安全状况调查和评估，包括河西内陆河中 3 个流段，黄河流域 12 个流段，长江流域 2 个流段。由于甘肃境内流域绝大部分地区黄土覆盖，植被稀疏，水土流失严重，河流含沙量大，水功能区水质达标率 78% 左右；水资源供需矛盾突出，利用率低；对下泄生态水没有量的概念，生态保护区违法违规开发矿产资源情况突出，还存在诸多影响地区水生态安全状况的不利因素。本研究以 2021 年甘肃地区水生态安全相关研究数据为基础。

5.2.2 社会经济概况

甘肃省流域按流域、水系（分段）、河流划分，全省共划分 3 个一级区、8 个二级区、18 个三级区。2021 年，内陆河流域耕地面积 1861.46 万亩，耕地有效灌溉面积 1292.48 万亩，耕地实灌面积 1205.11 万亩，非耕地用水面积 206.02 万亩；人口 428.11 万人，其中农村人口 173.52 万人，城镇人口 254.59 万人；工业增加值 896.15 亿元，其中规模以上工业增加值 620.63 亿元，规模以下工业增加值 259.07 亿元，火（核）电工业增加值 16.45 亿元；粮食总产量 393.33 万 t；地区生产总值 2578.96 亿元。黄河流域耕地面积 5120.17 万亩，耕地有效灌溉面积 696.46 万亩，耕地实灌面积 591.29 万亩，非耕地用水面积 99.56 万亩；人口 1774.91 万人，其中农村人口 813.28 万人，城镇人口 961.63 万人；工业增加值 1832.64 亿元，其中规模以上工业增加值 1593.87 亿元，规模以下工业增加值 212.07 亿元，火（核）电工业增加值 26.70 亿元；粮食总产量 739.17 万 t；地区生产总值 7074.58 亿元。长江流域耕地面积 832.58 万亩，耕地有效灌溉面积 45.22 万亩，耕地实灌面积 32.72 万亩，非耕地用水面积 20.86 万亩；人口 287.00 万人，其中农村人口 175.29 万人，城镇人口 111.71 万人；工业增加值 121.03 亿元，其中规模以上工业增加值 57.67 亿元，规模以下工业增加值 63.36 亿元；粮食总产量 98.95 万 t；地区生产总值 589.77 亿元。

5.2.3 水资源概况

降水量分析计算共选用 478 个雨量站，其中内陆河流域 111 站，黄河流域 243 站，长江流域 124 站。从降水情况来看，内陆河流域平均降水量 108.1mm，折合水量 264.78 亿 m³，比多年平均值 298.02 亿 m³ 偏小 11.2%，比上年值 237.79 亿 m³ 偏大 11.4%，年降水量频率为 64.5%，属偏枯年。与多年平均值比较，疏勒河流域偏小 24.5%，黑河流域偏小 3.7%，石羊河流域偏大 2.4%，苏干湖偏小 30.0%；与上年值比较，疏勒河流域增大 12.8%，黑河流域增大 3.5%，石羊河流域增大 24.6%，苏干湖减小 5.0%。黄河流域平均降水量 501.1mm，折合水量 714.84 亿 m³，比多年平均值 667.03 亿 m³ 偏大 7.2%，比上年值 792.21 亿 m³ 减小 9.8%，年降水频率为 36.5%，属平水年。与多年平均值比较，除大夏河、沸河、湟水、兰州至下河沿、清水河与苦水河分别偏小 2.8%，9.5%、3.8%、13.5%、12.9%外，其余偏大 2.1%～50.4%；与上年值比较，大通河享堂以上、湟水、龙羊峡至兰州干流区间、北洛河状头以上、泾河张家山以上增大 0.5%～35.5%，其余减小 4.5%～31.1%。长江流域平均降水量 646.8mm，折合水量 247.68 亿 m³，比多年平均值 221.61 亿 m³ 偏大 11.8%，比上年值 322.29 亿 m³ 减小 23.1%，年降水频率为 24.2%，属偏丰年。与多年平均值比较，嘉陵江广元昭化以上偏大 1%～6%，汉江丹江口以上偏大 38.5%；与上年值比较，嘉陵江广元昭化以上减小 23.3%，汉江丹江口以上增大 10.6%。从降水年内分配来看，降水量年内分配总体趋势与多年平均状况基本一致，呈现冬春季少、夏秋季多的分配状况。

从地表水资源量分析来看，内陆河流域自产地表水资源量 44.75 亿 m³，折合径流深 18.3mm，比多年平均值 47.61 亿 m³ 偏小 6.0%，比上年值 42.20 亿 m³ 增大 6.1%，属平水年。与多年平均值比较，疏勒河流域偏小 12.4%，黑河流域偏小 4.0%，石羊河流域偏大 2.1%与上年值比较，疏勒河流域增大 4.1%，黑河流域增大 0.6%，石羊河流域增大 19.2%。黄河流域自产地表水资源量 109.81 亿 m³，折合径流深 77.0mm，比多年平均值 115.60 亿 m³ 偏小 5.0%，比上年值 172.89 亿 m³ 减小 36.5%，属平水年。与多年平均值比较，除大通河享堂以上、湟水、大夏河、沸河、兰州至下河沿、清水河与苦水河、渭河宝鸡峡以上分别偏小 2.5%、8.7%、18.9%、17.1%、16.6%、20.0%、0.1%以外，其余区域偏大 1.2%～26.2%，偏大最多的是泾河张家山以上。与上年值比较，除大通河享堂以上、湟水、清水河与苦水河、北洛河状头以上、泾河张家山以上分别增大 29.0%、21.3%、0.4%、50.1%、3.4%以外，其余区域减小 25.6%～46.4%，减小最多的是洮河。长江流域自产地表水资源量 113.60 亿 m³，折合径流深 296.7mm，比多年平均值 96.19 亿 m³ 偏大 18.1%，比上年值 183.8 亿 m³ 减小 38.2%，属偏丰水年。与多年平均值比较，嘉陵江广元昭化以上区域偏大 17.9%，汉江丹江口以上区域偏大 73.6%。与上年值比较，嘉陵江广元昭化以上区域减小 38.3%，汉江丹江口以上区域减小 3.6%。

从入境出境水量来看，按流域分区：内陆河流域入境水量 28.39 亿 m³，占全省入境水量的 7.6%；黄河流域入境水量 300.06 亿 m³，占全省入境水量的 80.2%；长江流域入境水量 45.71 亿 m³。黄河流域出境水量 377.74 亿 m³，占全省出境水量的 69.6%；长江流域出境水量 156.86 亿 m³，占全省出境水量的 28.9%。

从地下水资源量情况来看，内陆河流域地下水资源量 38.78 亿 m³（山丘区 16.41 亿 m³，平原区 35.85 亿 m³，二者重复计算量 13.48 亿 m³），比多年平均值 48.14 亿 m³ 偏小 19.4%，比上年值 47.06 亿 m³ 减小 17.6%。与地表水不重复的地下水资源量 5.59 亿 m³，比多年平均值 6.22 亿 m³ 偏小 10.1%，比上年值 5.39 亿 m³ 增大 3.7%。黄河流域地下水资源量 42.01 亿 m³（山丘区 37.98 亿 m³，平原区 5.71 亿 m³，二者重复计算量 1.68 亿 m³），比多年平均值 40.97 亿 m³ 偏大 2.5%，比上年值 64.08 亿 m³ 减小 34.4%。与地表水不重复的地下水资源量 4.51 亿 m³，比多年平均值 4.78 亿 m³ 偏小 5.6%，比上年值 5.72 亿 m³ 减小 21.2%。长江流域地下水资源量 39.23 亿 m³（山丘区 37.91 亿 m³，平原区 1.44 亿 m³，二者重复计算量 0.12 亿 m³），比多年平均值 40.05 亿 m³ 偏小 2.0%，比上年值 47.07 亿 m³ 减小 16.7%。与地表水不重复的地下水资源量 0.77 亿 m³，比多年平均值 0.52 亿 m³ 偏大 48.1%，比上年值 0.88 亿 m³ 减小 12.9%。

从水资源总量情况来看，内陆河流域水资源总量 50.34 亿 m³，比多年平均值 53.82 亿 m³ 偏小 6.47%，比上年值 47.59 亿 m³ 增大 5.97%，地表水资源量 44.75 亿 m³，地下水资源量 38.79 亿 m³，与地表水不重复的地下水资源量 5.59 亿 m³。流域产水系数 0.19，产水模数 2.06 万 m³/km²。黄河流域水资源总量 114.32 亿 m³，比多年平均值 120.38 亿 m³ 偏小 5.03%，比上年值 178.61 亿 m³ 减小 36.0%，地表水资源量 109.81 亿 m³，地下水资源量 42.00 亿 m³，与地表水不重复的地下水资源量 4.51 亿 m³。流域产水系数 0.16，产水模数 8.01 万 m³/km²。长江流域水资源总量 114.37 亿 m³，比多年平均值 96.72 亿 m³ 偏大 18.2%，比上年值 184.69 亿 m³ 减小 38.1%，地表水资源量 113.60 亿 m³，地下水资源量 39.23 亿 m³，与地表水不重复的地下水资源量 0.77 亿 m³。流域产水系数 0.46，产水模数 29.87 万 m³/km²。

5.2.4　蓄水动态分析

从大中型水库蓄水情况来看，内陆河流域：4 座大型水库年末蓄水量 3.47 亿 m³，比年初蓄水量 3.06 亿 m³ 增加了 0.41 亿 m³；22 座中型水库年末蓄水量 3.98 亿 m³，比年初蓄水量 4.30 亿 m³ 减少了 0.32 亿 m³。黄河流域：4 座大型水库年末蓄水量 32.98 亿 m³，比年初蓄水量 38.86 亿 m³ 减少了 5.88 亿 m³15 座中型水库年末蓄水量 2.97 亿 m³，比年初蓄水量 2.90 亿 m³ 增加了 0.07 亿 m³。长江流域：2 座大型水库年末蓄水量 2.61 亿 m³，比年初蓄水量 3.56 亿 m³ 减少了 0.95 亿 m³7 座中型水库年末蓄水量 1.13 亿 m³，比年初蓄水量 1.11 亿 m³ 增加了 0.02 亿 m³。

地下水超采区治理情况来看，内陆河流域超采区共 28 个，上升的超采区 1 个，占比 3.6%，下降的超采区 7 个，占比 25.0%，变化稳定的超采区 20 个，占比 71.4%；黄河流域超采区共 19 个，上升的超采区 1 个，占比 5.3%，下降的超采区 4 个，占比 21.1%，变化稳定的超采区 14 个，占比 73.7%。

5.2.5　水资源开发利用

从水资源开发利用情况来看，供水能力方面，内陆河流域 95.40 亿 m³，黄河流域 55.11 亿 m³，长江流域 2.74 亿 m³。

总供水量方面，内陆河流域 71.20 亿 m³，黄河流域 36.60 亿 m³，长江流域 2.32 亿 m³。内陆河流域以蓄、引为主，地表水供水量占 70.5%，其中蓄水工程占 42.8%，引水工程占 22.9%，提水工程占 0%，跨流域调水占 4.8%；地下水供水量占 28.0%；其他水源供水量占 1.5%。黄河流域以引、提为主，地表水供水量占 86.9%，其中蓄水工程占 5.0%，引水工程占 44.9%，提水工程占 37.0%；地下水供水量占 8.8%；其他水源供水量占 4.3%。长江流域以蓄、引为主，地表水供水量占 84.0%，其中蓄水工程占 23.7%，引水工程占 55.0%，提水工程占 5.3%；地下水供水量占 14.6%；其他水源供水量占 1.4%。

用水量方面，内陆河流域 71.20 亿 m³，黄河流域 36.60 亿 m³，长江流域 2.32 亿 m³。内陆河流域用水量中，农业用水占 82.5%，工业用水占 3.7%，居民生活用水占 2.2%，城镇公共用水占 0.9%，生态环境用水占 10.7%。黄河流域用水量中，农业用水占 61.9%，工业用水占 10.3%，居民生活用水占 14.2%，城镇公共用水占 3.7%，生态环境用水占

9.9%。长江流域用水量中,农业用水占 50.1%,工业用水占 5.3%,居民生活用水占 37.8%,城镇公共用水占 4.7%,生态环境用水占 2.1%。

耗水量方面,内陆河流域 51.08 亿 m^3,黄河流域 24.27 亿 m^3,长江流域 1.55 亿 m^3。内陆河流域耗水量中,农业占 85.0%,工业占 2.3%,城镇公共占 0.7%,居民生活占 1.7%,生态环境占 10.3%。黄河流域耗水量中,农业占 68.3%,工业占 6.2%,城镇公共占 3.1%,居民生活占 12.4%,生态环境占 10.1%。长江流域耗水量中,农业占 52.3%,工业占 2.6%,城镇公共占 3.8%,居民生活占 39.1%,生态环境占 2.2%。内陆河流域综合耗水率为 71.7%,其中农业 73.9%,工业 44.3%,城镇公共 55.9%,居民生活 59.3%,生态环境 68.6%;黄河流域综合耗水率为 66.3%,其中农业 73.2%,工业 40.0%,城镇公共 53.5%,居民生活 57.9%,生态环境 67.2%;长江流域综合耗水率为 66.8%,其中农业 69.8%,工业 33.0%,城镇公共 54.5%,居民生活 68.9%,生态环境 69.7%。

通过供需平衡分析,内陆河流域缺水量为 7.50 亿 m^3,缺水程度为 9.5%,属资源型缺水;黄河流域缺水量为 2.60 亿 m^3,缺水程度为 6.6%,属资源指标型和工程型缺水并存;长江流域缺水量为 0.06 亿 m^3,缺水程度为 2.6%,属工程型缺水。

5.2.6 水质调查评价

内陆河流域排污口 34 个,入河污水总量 0.49 亿 t,入河主要污染物中化学需氧量 0.24 万 t,氨氮 0.01 万 t;黄河流域排污口 166 个,入河污水总量 3.92 亿 t,入河主要污染物中化学需氧量 2.16 万 t,氨氮 0.28 万 t;长江流域排污口 33 个,入河污水总量 0.49 亿 t,入河主要污染物中化学需氧量 0.32 万 t,氨氮 0.02 万 t。水功能区水质情况方面,内陆河流域,评价水功能区 43 个,达标水功能区 39 个,达标率 90.7%;评价河长 2846.8km²,达标河长 2637km²,达标率 92.6%。该区主要超标项目为氨氮、化学需氧量。黄河流域,评价水功能区 91 个(含 2 个排污控制区),达标水功能区 62 个,达标率 69.7%;评价河长 5654.5km²,达标河长 3712.8km²,达标率 65.8%,该区主要超标项目为氨氮、化学需氧量、硫酸盐、氯化物。长江流域,评价水功能区 23 个,达标水功能区 22 个,达标率 95.7%;评价河长 1564.1km²,达标河长 1495.1km²,达标率 95.6%。主要超标项目为氨氮。

5.2.7 主要水灾害情况

从水情情况看,内陆河流域枯 1 成,黄河流域枯 2 成,长江流域嘉陵江水系正常。旱情及灾情情况看,气温偏高,降水总体偏少,河流来水偏枯,内陆河流域偏枯 1 成,黄河流域偏枯 5 成,长江流域偏枯 2 成。墒情严重不足。

5.3 研 究 方 法

基于 SENCE 概念框架从与水有关的经济、社会、资源、环境方面构建水生态安全评价指标体系,在满足科学性和系统性的同时,能客观反映区域水生态安全状况和问题,但不能全面展现系统间相互作用过程,因而利用生态学中生态位理论在评价指标优先调控方面优势[90]。选取甘肃省 17 个流段为研究对象,基于 SENCE(社会-经济-自然复合生态系统)概念构建涵盖经济发展、社会进步、自然资源、生态环境 4 方面 33 指标的初步水生态安全评价指标体系，基于改进生态位理论结合模糊系统分析对初步水生态安全评价指标体系进行优化，最终得到 28 指标构成的水生态安全评价优化指标体系，运用优化后指结合模糊系统分析，对评价指标体系进行优化，运用优化后的评价指标体系对各流段水生态安全状况进行模糊综合评价。

本研究中，流域分区按三级划分，全省共划分 17 个流域三级区，划分方式与《甘肃省水资源公报》一致。对甘肃境内流域三级区 17 个流段进行调查和评价，水资源、水环境相关数据主要来源于 2016—2018 年甘肃省水文局相关统计资料及《甘肃省水资源公报》（2016—2018），与水相关的社会经济数据部分来源于《甘肃省统计年鉴》（2016—2018），部分水管理类数据来源于甘肃省政府水利部门公开信息及年度报告。

研究中调查数据处理及统计分析采用 MATLABR 2014a 和 Microsoft Office Excel 2003 软件完成，采用 AutoCAD 2007 及 Microsoft Office Excel 2003 制图。

5.3.1　SENCE 概念框架

SENCE 概念框架[158] 是由人类社会、经济活动和自然条件共同组合而成的生态功能统一体，即 SENCE 复合生态系统（经济-社会-自然复合生态系统），该复合生态系统是由水生态环境、与水相关的经济和社会各系统相互作用耦合形成的统一体，是环境和人类活动及历史发展过程相互作用的产物，其在满足科学性和系统性的同时，能客观反映区域水生态安全的状态和问题，是一种新的水生态安全研究方式，具有积极的现实指导意义。水生态安全的概念偏宏观，基于 SENCE（社会-经济-生态复合系统）概念框架将局限在农产品交易商品中的虚拟水扩展至整个区域的一产、二产、三产的研究中去，使得通过个人、部门、行业、城市甚至整个国家的角度去评价其水资源利用效果成为可能，结合理论基础、实践经验、以往相关研究进行评价指标频次分析，从自然资源、水环境、社会发展、经济发展四个方面构建甘肃省 17 流段的水生态安全初步评价指标体系（表 5 - 1）。

表 5 - 1　　　　基于 SENCE 概念框架的水生态安全评价指标体系

优化前指标编号	优化后编号	评价指标	优化前指标编号	优化后编号	评价指标	优化前指标编号	优化后编号	评价指标
B1	C1	人口	B12	C11	年平均降水量	B23	C18	农田灌溉水量
B2	C2	GDP	B13	C12	河川基流量	B24	C19	林木渔畜用水量
B3	C3	工业增加值	B14	C13	地表水资源量	B25	C20	工业用水量
B4	C4	耕地面积	B15	C14	地下水资源量	B26	C21	建筑业用水量
B5	C5	农田有效灌溉面积	B16	C15	水资源总量	B27	C22	居民生活用水量
B6	C6	农田实灌面积	B17		产水系数	B28	C23	生态环境用水量
B7	C7	粮食产量	B18		产水模数	B29	C24	经济社会用水量
B8	C8	牲畜	B19		蓄水量	B30	C25	城镇居民生活废污水量
B9	C9	年平均水量	B20		引水量	B31	C26	废污水排放量
B10	C10	流域计算面积	B21	C16	地表水资源供应量	B32	C27	达标排放量
B11		径流深	B22	C17	地下水资源供应量	B33	C28	节水灌溉面积

5.3.2 生态位理论

Hutchinson 认为，生态位是一个 n 维超体积变量，它的 n 个坐标轴包括决定某一物种生存状态的关键物理环境因子[57,189]。对于水生态安全评价中一个流段或指标的生态位宽度越大，说明该指标对当前水生态安全评价指标体系的适应性强，对水生态安全状况影响不大，不是控制性指标；反之，则适应性差，需要考虑优先调控。生态位计算简单、可操作性强，生态位理论能够较全面展现系统间相互作用过程，在分析优先调控指标上有优势，提供了一种新的思路[90]，已成为众多理论与野外研究基础。本书应用 Levins 生态位宽度模型，将模糊数学中的隶属度概念引入生态位的计算中[126]，计算各流段属于各资源轴不同梯度的概率，将 Levins 生态位宽度模型改进为

$$B_i = \frac{1}{\sum_{j=1}^{R}(P_{ij}\gamma_{ij})^2} \tag{5-1}$$

式中：B_i 为流段 i 的生态位宽度；P_{ij} 为流段 i 在梯度 j 上的数量占所属梯度总数量的比例，%；R 为梯度的等级总数；γ_{ij} 为流段 i 在梯度 j 上的隶属度，取值范围为 $[0,1]$。

5.3.3 模糊系统分析

数据标准化：在水生态安全初步评价指标体系建立后，需要对指标数据标准化处理，按统一的"标准"进行调整，消除由于单位不同造成的影响，指标数据标准化处理按式（5-2）、式（5-3）进行。

对于越大越安全的指标：
$$y_{ij} = \frac{x_{ij} - \min x_i}{\max x_i - \min x_i} \tag{5-2}$$

对于越小越安全的指标：
$$y_{ij} = \frac{\max x_i - x_{ij}}{\max x_i - \min x_i} \tag{5-3}$$

式中：y_{ij} 为第 i 行 j 列标准化数据；$\max x_i$ 为第 i 行最大值；$\min x_i$ 为第 i 行最小值。

建立模糊矩阵 R：将标准化的数据 x_{ik} 和 x_{jk} 代入式（5-5）。

$$\gamma_{ij} = \sum_{k=1}^{m} x_{ik} \cdot x_{jk}, (i \neq j) \tag{5-4}$$

$$\gamma_{ij} = 1, (i = j) \tag{5-5}$$

式中：x_{ik} 为第 i 样本（流段）第 k 项指标（水生态安全评价指标）的无量纲参数；x_{jk} 为第 j 样本第 k 项指标的无量纲参数；m 为样本总数；由此构造的矩阵 $(\gamma_{ij})_{n \times n}$ 称为模糊矩阵。

建立模糊相关矩阵 U：

$$U = \begin{bmatrix} a_{11} & a_{12} & \cdots & a_{1n} \\ a_{21} & a_{22} & \cdots & a_{2n} \\ \vdots & \vdots & & \vdots \\ a_{n1} & a_{n2} & \cdots & a_{nn} \end{bmatrix} a_{ij} \in [0,1] \tag{5-6}$$

式中：a_{ij} 为矩阵元，$i = 1, 2, \cdots, n$。

模糊相关程度分析：根据所建立的模糊相关矩阵，以最大矩阵元作为置信水平 λ，求得各指标的置信水平；根据模糊矩阵最大矩阵元定理，由式（5-7）得到指标的权重：

$$W_i = \frac{1-\lambda_i}{\sum\limits_{i=1}^{n}(1-\lambda_i)} \tag{5-7}$$

式中：W_i 为第 i 指标权重；λ_i 为第 i 指标置信水平；$i=1, 2, \cdots, n$。

5.3.4　模糊综合评价

运用已经建立优化后的水生态安全评价指标体系，进行水生态安全模糊综合评价，得到的评价向量是因素权重向量与模糊矩阵合成的结果。即

$$Y = R \cdot X = (y_1, y_2, \cdots, y_n)^T \tag{5-8}$$

式中：Y 为评价向量（y_1，y_2，$\cdots$，y_n 为各年综合评价指数）；R 为标准化的评价指标矩阵（标准化数据组成的矩阵）；X 为评价权重向量（评价指标权重组成的向量）；T 为向量转置符号。

5.4　甘肃省 17 流段水生态安全状况评价

5.4.1　基于改进生态位理论的水生态安全评价指标体系优化

根据 5.2.2 生态位理论计算甘肃境内各流域在 33 个资源轴上的生态位宽度，由式（5-1）得到各流段及指标的生态位宽度值，见表 5-2（以疏勒河、黑河、石羊河、黄河河源至玛曲段、黄河玛曲至龙羊峡段、大通河享堂以上、湟水、大夏河、洮河段为例）。

表 5-2　　　　　　　　　流段在 33 个资源轴上的生态位宽度

项目及编号		生态位宽度								
		疏勒河	黑河	石羊河	黄河河源至玛曲段	黄河玛曲至龙羊峡段	大通河享堂以上	湟水	大夏河	洮河
资源轴	B1	1.0000	9.9397	11.1150	1.0000	1.0000	1.0000	1.0000	1.0000	9.9482
	B2	1.0000	14.2330	8.8119	1.0000	1.0000	1.0000	1.0000	1.0000	1.0000
	B3	8.6495	7.0969	18.1197	1.0000	1.0000	1.0000	1.0000	1.0000	1.0000
	B4	1.0000	12.5780	9.7762	1.0000	1.0000	1.0000	1.0000	1.0000	1.0000
	B5	8.6300	1.0000	7.0439	1.0000	1.0000	1.0000	1.0000	1.0000	1.0000
	B6	8.7865	1.0000	12.4947	1.0000	1.0000	1.0000	1.0000	1.0000	1.0000
	B7	1.0000	12.9321	8.8119	1.0000	1.0000	1.0000	1.0000	1.0000	7.8125
	B8	8.7912	1.0000	10.4161	1.0000	1.0000	1.0000	1.0000	1.0000	10.3084
	B9	8.2293	8.5833	11.2789	9.4386	19.8633	1.0000	1.0000	12.1976	10.1627
	B10	1.0000	9.1315	1.0000	1.0000	1.0000	1.0000	1.0000	1.0000	1.0000
	B11	1.0000	10.6294	11.2774	1.0000	1.0000	8.4994	1.0000	2972.9012	9.6491
	B12	8.6641	8.6075	11.1105	9.3457	23.1367	1.0000	1.0000	26.1488	8.1731
	B13	16.3368	7.1427	9.3333	8.1916	16.9724	1.0000	1.0000	16.2424	8.5377
	B14	7.0540	7.0690	8.6903	8.1857	19.8633	1.0000	1.0000	16.8899	8.0528
	B15	7.9762	1.0000	8.3138	8.2080	17.0349	1.0000	1.0000	15.9125	8.4765

续表

项目及编号		生态位宽度								
		疏勒河	黑河	石羊河	黄河河源至玛曲段	黄河玛曲至龙羊峡段	大通河享堂以上	湟水	大夏河	洮河
资源轴	B16	7.0267	7.1877	7.4282	8.1916	19.8927	1.0000	1.0000	16.7678	8.0405
	B17	11.1195	8.8654	9.2430	1.0000	1.0000	9.3845	41.1483	688.6226	8.4463
	B18	1.0000	9.8642	9.4386	1.0000	1.0000	8.5470	1.0000	2596.7463	9.6467
	B19	1.0000	1.0000	1.0000	1.0000	1.0000	1.0000	1.0000	1.0000	1.0000
	B20	1.0000	1.0000	39.8644	1.0000	1.0000	1.0000	41.6336	21.4906	10.8953
	B21	9.8823	1.0000	14.2330	1.0000	1.0000	1.0000	1.0000	33.6372	14.0575
	B22	11.3067	1.0000	1.0000	1.0000	1.0000	1.0000	1.0000	1.0000	1.0000
	B23	10.6027	1.0000	9.6942	1.0000	1.0000	1.0000	1.0000	1.0000	1.0000
	B24	7.6464	1.0000	10.1973	1.0000	1.0000	1.0000	1.0000	1.0000	1.0000
	B25	8.8934	7.8576	8.3499	1.0000	1.0000	1.0000	1.0000	1.0000	1.0000
	B26	1.0000	9.6890	1.0000	1.0000	1.0000	1.0000	1.0000	1.0000	1.0000
	B27	1.0000	11.8091	9.8838	1.0000	1.0024	1.0000	1.0000	1.0000	7.9515
	B28	8.7676	1.0000	8.2776	1.0000	1.0000	1.0000	1.0000	1.0000	1.0000
	B29	10.2132	1.0000	9.8823	1.0000	1.0000	1.0000	1.0000	1.0000	1.0000
	B30	1.0000	8.8785	7.9010	1.0000	1.0000	1.0000	1.0000	1.0000	1.0000
	B31	7.6980	9.6310	8.4357	1.0000	1.0000	1.0000	1.0846	1.0000	1.0000
	B32	12.5530	7.9882	7.2322	1.0000	1.0000	25.6193	1.0000	1.0000	1.0000
	B33	9.6271	1.0000	1.0000	1.0000	1.0000	1.0000	1.0000	24.3254	8.8481
	平均值	6.3774	6.1428	9.4441	2.3806	4.3565	2.4561	3.4505	195.8449	5.0305

由式（5-1）计算得出各指标的生态位宽度值，指标 B11（径流深）、B17（产水系数）、B18（产水模数）、B19（蓄水量）、B20（引水量）的生态位宽度相对最大，分别为218.334、60.8046、191.4819、11.432、11.7171。表明以上指标在当前水生态安全评价指标体系中具有较好的适应性，对各流段的水生态安全状况影响不大，为次要影响因子，因而在优化评价指标体系中将这 5 个指标剔除，由 33 指标构成的初步评价指标体系优化后得到了 28 指标构成的优化评价指标体系（表 5-1）。分析发现，甘肃省各流段调水及蓄水状况水平接近，差异不明显，不是限制性因子，整体上对水生态安全状况影响相对较小。

5.4.2　模糊系统分析确定主要影响因子

根据 5.2.3 模糊系统分析过程，由式（5-7）计算各评价指标的权重（表 5-3），得到优化后水生态安全评价指标体系的指标权重。

表 5-3 优化后的 28 评价指标权重

指标体系编号	权重	指标体系编号	权重	指标体系编号	权重	指标体系编号	权重
C1	0.0179	C8	0.0168	C15	0.0758	C22	0.0134
C2	0.0090	C9	0.0635	C16	0.0817	C23	0.0799
C3	0.0128	C10	0.0046	C17	0.0845	C24	0.0028
C4	0.0147	C11	0.0771	C18	0.0009	C25	0.0103
C5	0.0031	C12	0.0772	C19	0.0000	C26	0.0108
C6	0.0023	C13	0.0762	C20	0.0147	C27	0.0764
C7	0.0170	C14	0.0732	C21	0.0062	C28	0.0771

模糊系统分析结果显示，指标 C11（年平均降水量）、C12（河川基流量）、C16（地表水资源供应量）、C17（地下水资源供应量）、C23（生态环境用水量）、C28（节水灌溉面积）的指标权重相对较大，累计指标权重占总评价指标体系的 47.75%，为影响流段水生态安全状况的主要影响因子。这是由于降水及地表水资源为生产生活提供了直接水资源供应；增加生态环境用水，改善了生态环境；提高节水能力建设的同时也提高了用水效率。表明增加供水，提高用水效率对提高水生态安全状况至关重要，也验证了评价指标体系的科学性。指标 C5（农田有效灌溉面积）、C6（农田实灌面积）、C18（农田灌溉水量）、C19（林木渔畜用水量）、C24（经济社会用水量）指标权重相对较小，如图 5-1 所示累计指标权重占评价指标体系的 0.91%，为影响甘肃省流域水生态安全的次要影响因子。这表明实践中用水量的增加并不一定会降低水生态安全状况，进一步说明了增加供水，提高用水效率对改善水生态安全状况有重要作用。

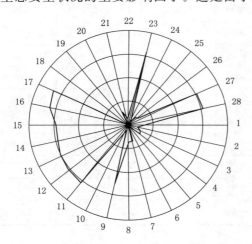

图 5-1 评价指标相关分析

5.4.3 模糊综合评价-分析水生态安全状况

根据 5.2.4 模糊综合评价过程，由式（5-8）计算得到甘肃地区各流段 2016—2018 年水生态安全评价指标体系优化前水生态安全评价向量 Y_1 及优化后评价向量 Y_2：

$$Y_1 = \begin{bmatrix} 0.5476, 0.5007, 0.5485, 0.6876, 0.7445, 0.8035, 0.8725, 0.7879, 0.6144, \\ 0.7309, 0.7312, 0.8816, 0.8717, 0.8028, 0.7824, 0.4562, 0.7998; \\ 0.6049, 0.4692, 0.6301, 0.7289, 0.7708, 0.8228, 0.8777, 0.7916, 0.6691, \\ 0.7554, 0.7533, 0.8805, 0.8653, 0.8145, 0.7522, 0.4373, 0.7888; \\ 0.5949, 0.4115, 0.5797, 0.6973, 0.751, 0.8049, 0.8742, 0.7676, 0.6319, \\ 0.759, 0.7546, 0.8804, 0.8666, 0.8012, 0.7847, 0.453, 0.847 \end{bmatrix}$$

$$Y_2 = \begin{bmatrix} 0.398, & 0.3852, & 0.3956, & 0.5604, & 0.5979, & 0.6144, & 0.6275, & 0.6011, & 0.4579, \\ 0.5275, & 0.5063, & 0.6314, & 0.6278, & 0.5827, & 0.567, & 0.3148, & 0.6307; \\ 0.4361, & 0.3641, & 0.4569, & 0.5828, & 0.6079, & 0.6203, & 0.631, & 0.6031, & 0.4999, \\ 0.5468, & 0.5178, & 0.6302, & 0.6279, & 0.5842, & 0.5528, & 0.3155, & 0.6308; \\ 0.4284, & 0.3241, & 0.4241, & 0.5681, & 0.6012, & 0.6174, & 0.6312, & 0.5957, & 0.4728, \\ 0.5529, & 0.5206, & 0.6298, & 0.6278, & 0.5743, & 0.5715, & 0.3191, & 0.6313 \end{bmatrix}$$

参照 2016 年水利部等部门联合发布的《江河生态安全调查与评估技术指南》、2013年环境保护部发布的《流域生态健康评估技术指南》，参考前人相关研究成果[166-167,190]，将水生态安全状况模糊综合评价结果分为 5 级：当 $0.8 \leqslant y < 1$ 时，水生态安全状况为一级（优）；$0.6 \leqslant y < 0.8$ 时，为二级（良好）；$0.4 \leqslant y < 0.6$ 时，为三级（一般）；$0.2 \leqslant y < 0.4$ 时，为四级（较差）；$0 \leqslant y < 0.2$ 时，为五级（差）。根据上述水生态安全状况分级标准对流段进行分级显示，优化前的评价指标体系模糊综合评价结果中，2016—2018 年达到良好以上流段占比分别为 76.5%、88.2%、76.5%，其余流段水生态安全状况一般；优化后评价指标体系中，流段水生态安全状况良好以上占比分别为 35.3%、41.2%、35.3%，一般占比分别为 57.8%、52%、46.1%，较差流段占比分别为 23.5%、11.8%、11.8%。

分析发现，各流段水生态安全状况各异（图 5-2），运用优化后评价指标体系模糊综合评价，结果显示，各流段的水生态安全状况大致呈正态分布，大部分流段水生态安全状况一般，良好以上和较差占比较小，这也与甘肃境内实际水生态安全状况的相对脆弱性实际相符，优化后的评价指标体系模糊综合评价指数整体降低，相当于提高了水生态安全状况实际建设要求；各流段水生态安全综合指数年际变化均小于 0.1 且在同一个安全等级范围内，保持相对稳定，说明评价指标体系也具有较好的稳定性。

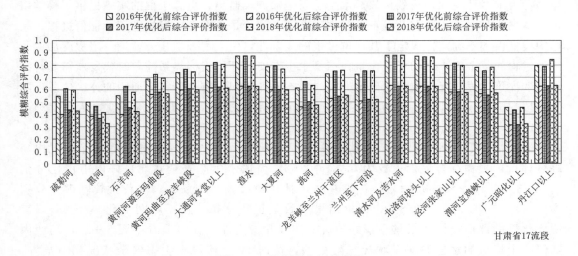

图 5-2　模糊综合评价结果

5.5　甘肃省 17 流段水生态安全调控对策建议

水生态安全评价是一个多领域交叉学科，也是一个持续变化，需要不断优化更新的过程，有很多学者从水质、水量、水灾害、水管理等层面分别进行水生态安全评价[141,153,164,168]。水生态安全评价指标体系的构建要从复合生态系统内部考虑，分析经济、社会、自然因素综合影响，随着生态文明、水生态文明理念的深入发展，从经济-社会-自然复合生态系统角度看待水生态安全问题将是一个新的发展方向。选择易于统计监测指标作为评价指标，考虑水生态安全具有动态变化的特点，需要不断分析优化评价指标体系，以适应实际评估工作需要。

模糊系统分析结果表明，影响甘肃省 17 流段水生态安全状况指标中，年平均降水量、河川基流量、地表水源供应量、生态环境用水量、节水灌溉面积等指标影响较大，这与靳春玲等[141,153,164,168]研究成果基本一致，表明增加供水，提高用水效率对提高水生态安全状况具有重要意义。同时注重生态环境用水，保护生态环境，发展兼具生态保护及良好经济效益的生态节水农业模式，将是今后发展的趋势。在改进生态位理论确定调控指标过程中发现，增加蓄水，跨流域调水，增加引水量等措施，对水生态安全状况影响不大，这可能由于各流段调水及蓄水状况差异不明显，不是限制性因子。

从近 3 年甘肃省 17 流段的水生态安全状况变化趋势看，优化后的评价指标体系模糊综合评价结果显示，各流段水生态安全状况年际变化不大，均小于 0.1，基本保持稳定态，水生态安全状况优良差大致呈正态分布，绝大部分流段水生态安全模糊综合评价指数为 0.4～0.6，水生态安全状况一般，评价结果较为中肯，从侧面也说明了优化后的水生态安全评价指标体系具有较好的稳定性、可操作性和科学性。

本书通过结合改进生态位理论及模糊数学相关理论，为流域水生态安全评价提供了新思路，为地区环境保护绩效考核、水生态安全保护及监测、生态工程的实施提供了科学依据。本书不足之处主要有两点：一是水生态安全评价是一个多指标模糊综合评价过程，指标的模糊性和不确定性决定了其评价过程的复杂性，引入生态学相关理论一定程度加大了评价过程的复杂度，增加了工作量；二是水生态安全评价指标体系随着时代发展需要与时俱进，评价过程只能从宏观上确定方向，但不同区域间没有一个完全通用的评级体系。随着科技的进步，该评价指标体系还有很大的改进优化空间，不断提高评价的精确度和简洁度。

运用优化后的评价指标体系对甘肃省 17 个流段 2016—2018 年水生态安全状况模糊综合评价，模糊综合评价指数为 0.32～0.63，流段水生态安全状况良好以上占比分别为 35.3%、41.2%、35.3%，一般占比分别为 57.8%、52%、46.1%，较差占比分别为 23.5%、11.8%、11.8%，评价结果大致呈正态分布，且年际间变化小于 0.1，表明优化后的评价指标体系具有较好的可操作性和稳定性。整体上看（图 5-2），河西内陆河 3 个流段的水生态安全状况相对最差，黄河 12 个流段水生态安全状况相对最好，因此，加强内陆河流域水生态安全调控对提高甘肃水生态安全状况具有重要现实指导意义。

通过运用改进生态位理论结合模糊系统分析，结果表明，年平均降水量、河川基流量、地表水源供应量、生态环境用水量、节水灌溉面积等指标累计指标权重达 47.75％，是影响水生态安全状况的主要影响因子。因此，增加供水，提高用水效率，发展节水灌溉农业，对提高甘肃地区各流段水生态安全状况具有重要作用。

第 6 章

基于模糊综合评价的兰州市水生态安全指标体系研究

6.1　区域水生态安全研究概况

目前城市水生态安全的综合评价研究尚处于起步阶段，定性的概念、内涵及对策探讨较多，但定量的研究与分析较少[171,175,177-178]。靳春玲等[164] 在 2009 年提出了基于 PSR 模型的城市水安全评价研究，对兰州市 2000—2007 年水安全状况进行了评价。惠秀娟等[171] 在 2011 年提出了辽宁省辽河水生态系统健康评价，得出辽河三个断面健康程度一般的结论。李辉[141] 的生态安全评价理论体系研究与实例分析，对辽宁省 14 个城市生态安全状况模糊综合评价。黄昌硕等[103] 对中国水资源及水生态安全评价从宏观角度，对中国水资源及水生态安全状况进行了评价。

在充分研究前人成果的基础上[61,174,191-192]，选取同样面临着严重水资源短缺的西北地区的西安、西宁、兰州，华北地区的北京这四个城市，结合我国大型和特大型城市的发展，从水资源条件与开发利用，水环境与水生态、涉水有关的社会经济三大方面出发，选择市政供水、生活饮用水保障、生态改善与环境建设、河流及地下水水源、污染治理、自然环境条件、城市水环境、工农业生产发展、基础设施建设、城市化发展等显著影响地区水生态安全要素，初步构建有 38 项指标的水生态安全评价指标体系，运用模糊系统分析方法对该指标体系进行优化，最终筛选出 25 指标组成的水生态安全评价体系，并对兰州市 2009—2013 年水生态安全状况进行综合评价，并以此为基础进行相关分析，找出主要影响因子，为城市水生态安全做出了直观，动态与可视的决策，对促进城市水资源的可持续开发与利用，保障城市水安全，促进城市可持续发展具有重要意义。

6.2　兰州市水生态安全概况

6.2.1　行政区划及社会经济概况

兰州市地处甘肃中部，是我国版图的几何中心。位于东经 $102°34'\sim104°34'$，北纬 $35°34'\sim37°07'$，市区坐落在两山夹一川的黄河河谷盆地之间，黄河自西向东穿越市区流程 50 余 km，南有皋兰山、龙尾山，北有白塔山、仁寿山，是典型的带状城市。

兰州市是甘肃省省会，甘肃政治、经济、文化中心，辖城关区、七里河区、安宁区、西固区、红古区 5 区和永登县、榆中县、皋兰县 3 县，共 8 个县级行政区，总土地面积 13558km²，占全省面积的 3.0%。兰州市东临定西市，南接临夏回族自治州，西与青海省毗邻，北靠武威市和白银市。城区主要由城关、七里河、安宁、西固 4 区组成（又称近郊四区），建成区面积 146km²。下属街道办事处 41 个，乡镇 90 个，共有居民委员会 804 个。兰州市是一个多民族聚居的城市，除汉族外，还有回、藏、蒙古、土、裕固、保安、撒拉、哈萨克、东乡等 36 个民族。

兰州市是以石油、化工为主，机电、轻纺工业协调发展的综合性工业基地；是西北地区交通枢纽和重要的金融、商贸中心；是连接中亚、西亚及欧洲各国"丝绸之路"的多功能、开放型的内陆口岸中心城市之一。

2010 年末全市常住总人口 361.62 万人，占全省总人口的 14.1%，其中城镇人口 281.41 万人，农村人口 80.21 万人，城镇化率 77.8%，人口自然增长率 5.5‰。

2010 年全市实现国内生产总值（GDP）1100.39 亿元，人均 30429 元，其中第一产业 33.79 亿元，占 3.1%；第二产业 529.18 亿元，占 48.1%；第三产业 537.42 亿元，占 48.8%。城镇居民可支配收入 10461 元，农村居民人均纯收入 4587 元。收入水平仍低于全国平均水平，属于经济欠发达地区。

全市拥有耕地面积 328.1 万亩，农田有效灌溉面积 135.4 万亩，林牧渔灌溉面积 31.3 万亩；万亩以上的大中型灌区有 22 处，50 亩以上灌区 252 处，地表水水源灌区 245 处，井河混灌区 7 处。粮食作物以小麦为主、其次是玉米、洋芋、糜谷等，粮食总产量达到 129.96 万 t。经济作物以油料、蔬菜、瓜果为主，由于气温高，光照充足，经济作物产量高，品质好，素有"瓜果城"之美誉。兰州生态建设起步良好，实现了生态、经济、社会三大效益的有效结合，农林牧渔全面发展，全市林地保存面积 102.72 万亩，森林植被覆盖率达到了 5.9%。全市大牲畜 9.66 万头，小牲畜 233.04 万头，家禽 589.82 万只。

6.2.2 自然地理概况

兰州市大部分地区处于陇西黄土高原的西北部，东西长约 135km，南北最宽处约 130km。境内大部分地区属黄土高原丘陵沟壑区，海拔一般为 1500～3680m，高山环绕中形成大小不等的多个盆地，最主要的河流谷地是黄河谷地。

全市地貌可分为山地、黄土梁峁沟谷地、河谷盆地三种类型。

1. 山地

山地占全市面积的 65%，由黄河、湟水谷地分为南北两山区，榆中的兴隆山和马衔山，海拔 2500～3670m，突出于黄土之上。永登县内的奖峻埠岭和连城山区山峦重叠，山势陡峻，最高峰海拔 3455m，此类地貌河谷侵蚀切割强烈，谷地狭窄多呈 V 形，沟谷平均切割深度 200m 左右。

2. 黄土梁峁沟谷地

该区属黄土丘陵的半山地，占全市面积的 20%，分布在黄河谷地两侧，海拔 1830～2000m，地形遭到强烈切割破坏，沟壑纵横。永登县的西槽、秦王川一带，地势平坦，是典型的山间盆地。

3. 河谷盆地

主要分布在黄河干流及其主要支流大通河、湟水、庄浪河流域，占全市总面积的

15％，为典型的阶梯状多层黄河谷地，海拔一般为 1400～1620m，阶面宽阔平坦，一般宽 2～4km。其中兰州盆地最大，东西长 35km，南北宽 5km。黄河在兰州由西南流向东北，当切穿祁连山东延余脉时形成了峡谷，而顺着山岭方向流动时形成了宽谷和盆地。黄河在兰州段的峡谷有八盘峡、柴家峡、桑园峡、大峡等；宽谷有湟水谷地、庄浪河谷地、宛川河谷地、大通河谷地等；盆地有新城盆地、兰州盆地、泥湾-什川盆地、青城-水川盆地等。峡谷之中水力资源丰富，已建成有河口、柴家峡、八盘峡、小峡、大峡等水电站；河谷地带气候温和，土壤肥沃，水源充足，自古以来就是兰州地区主要的农耕区，今天仍然是兰州经济最发达的地带，也是城镇、工厂、企业集中之地。

6.2.3　气象条件

兰州远距海洋，深居祖国内陆，大部分地区属温带半干旱大陆季风气候。其主要特点是降水少、蒸发大、日照多，昼夜温差大，气候干燥，四季气候特征明显，春季多风，少雨干旱；夏季酷热，降水增多；秋季凉爽，降温较快；冬季较冷，干燥少雪。

全市多年平均降水量 322.1mm，榆中县南部山区兴隆山区降水量超过 600mm，皋兰县北部是兰州地区降水量最少的地区，降水量在 250mm 以下。兰州站多年平均降水量 314.8mm，连续最大 4 个月降水量发生在 6—9 月，占全年降水量的 71.0％。由于降水量小，年际变化大，时空分布不均，干旱、低温、冰雹、洪水、大风等自然灾害时有发生。

全市多年平均蒸发量 985mm（E601），大约是降水量的 3 倍。北部气候干燥，日照充足，永登、皋兰的年蒸发量为 1786～1880mm，是该地年降水量的 6～7 倍；兰州和榆中年蒸发量为 1407～1438mm，是年降水量的 4 倍左右。全市平均气温 5～9℃，最高月平均气温 22℃，绝对最高气温 39.1℃；最低月平均气温−6.7℃，绝对最低气温−23.1℃；春季最大日温差可达 28～30.2℃；平均年日照时数 2600h，全年无霜期 185～200d，绝对无霜期 150d。

6.2.4　河流水系

兰州市境内河流均属黄河流域，分属黄河干流水系和湟水水系。黄河干流较大的一级支流有湟水、庄浪河、宛川河，另外还有小河、沟谷数十条分别汇入黄河干流及其支流，共同组成了兰州市的河流水系。

黄河干流是我国第二大河流。黄河自西固区岔路村入境，自西向东穿过兰州市中心，至榆中县青城大岘沟出境，兰州段河长 152km。由于黄河上游先后修建了龙羊峡、刘家峡水库和盐锅峡、八盘峡水电站，径流量受水利电力工程调节，多年平均径流量 312.6 亿 m³，为全黄河多年平均径流量 534.8 亿 m³（利津站）的 58.5％。

湟水经青海省民和县穿过享堂峡进入兰州市红古区。在海石湾村纳入北来的大通河，水量大增，流经红古区的海石湾、河嘴、花庄、平安等乡镇至兰州市西固区达川乡注入黄河。湟水全长 327km，兰州段流程 57km，多年平均径流量 44.7 亿 m³。

大通河是湟水的最大支流，也是兰州地区除黄河外水量最大的河流。大通河从天祝县经铁成沟入永登县境，流经永登县河桥、红古区窑街、再穿享堂峡注入湟水。全长 560km，兰州段流程 104km，多年平均径流量为 28.5 亿 m³。

庄浪河发源于冷龙岭东端的磨脐山，流经天祝县自界牌村进入兰州市永登县境内，经永登县城向南流至西固区河口乡红崖子村汇入黄河。境内河长约 90km，据红崖子水文站天然径流资料分析，多年平均年径流量 2.07 亿 m^3。

宛川河发源于马衔山，自榆中县刘家嘴入境，向北流经高崖、甘草店、夏官营等乡镇至响水子河口汇入黄河，境内河长 75km。由于近年来人类活动的影响，河流基本干枯，只在洪水期有洪流通过。

除上述河流外，境内还有小河沟几十条。按照归宿，汇入黄河的有咸水河、钟家河、韩家河、雷家河、西柳沟、李麻子沙沟、大沙沟、官滩沟、磨房沟、麋鹿沟等。汇入湟水的有牛克沟、倒水沟、大沙沟、石板沟、涝坝沟、三条沟、直沟等。汇入庄浪河的有小川沟、石灰沟、康家井沟、费家沙沟等。汇入宛川河的有水坡沟、荀家河滩、黑池沟、干沟、巴石沟、南大河等。

6.2.5 水资源量状况

1. 地表水资源

（1）自产地表水资源量。全市多年平均降水量 322.1mm，折合降水总量 43.67 亿 m^3，多年平均产地表水资源量 2.23 亿 m^3，占甘肃省黄河流域自产地表水资源量的 1.8%，占全省自产地表水资源量的 0.8%。按流域分区计算，黄河干流区为 1.53 亿 m^3（其中宛川河 0.38 亿 m^3），占全市自产水资源量的 68.4%，庄浪河区为 0.20 亿 m^3，占 9.0%，大通河区为 0.39 亿 m^3，占 17.3%，湟水为 0.12 亿 m^3，占 5.2%；按县级行政区计算，榆中县最大，为 0.81 亿 m^3，占全市自产水资源量的 36.4%，安宁区最小，为 0.003 亿 m^3，仅占 0.1%。

（2）主要河流河川径流量。根据黄河干流、湟水、大通河、庄浪河主要水文控制站实测径流资料统计计算。

（3）入境水资源量。兰州市入境河流为黄河干流、大通河、湟水、庄浪河，其控制站分别为上诠站、连城站、民和站、武胜驿站。经分析计算，全市多年平均入境水资源量 317.6 亿 m^3，其中黄河干流为 272.4 亿 m^3，占全市多年平均入境水资源总量的 85.8%，大通河为 27.2 亿 m^3，占 8.6%，湟水为 16.2 亿 m^3，占 5.1%，庄浪河为 1.82 亿 m^3，占 0.6%。在 8 个县级行政区中，西固区入境水量最大，为 317.0 亿 m^3，入境河流为黄河干流、湟水和庄浪河。

（4）出境水资源量。兰州市出境河流只有黄河干流一条河流，从榆中县出境流入白银市。根据各县级行政区耗水量及相关水文站 1956—2010 年资料推算，兰州市多年平均出境水资源量为 310.9 亿 m^3。

2. 地下水资源

地下水资源量采用兰州市水电勘测设计研究院《甘肃省兰州市水资源开发利用规划报告》（2006 年 5 月）、《甘肃省水资源综合规划水资源调查评价》和《甘肃省县级水资源开发利用现状分析报告》的成果数据。

全市多年平均地下水资源量 2.74 亿 m^3，占甘肃省黄河流域地下水资源量的 6.1%，占全省地下水资源量的 2.2%。其中：城关区为 0.07 亿 m^3，七里河区为 0.43 亿 m^3，西固区为 0.15 亿 m^3，安宁区为 0.21 亿 m^3，红古区为 0.29 亿 m^3，永登县为 0.83 亿 m^3，皋兰县为 0.07 亿 m^3，榆中县为 0.69 亿 m^3。

兰州市多年平均不重复地下水资源量 0.40 亿 m^3，占甘肃省黄河流域不重复地下水资源量的 15.2%，占全省不重复地下水资源量的 5.5%。其中：城关区 0.06 亿 m³，七里河区 0.02 亿 m³，西固区 0.09 亿 m³，安宁区 0.04 亿 m³，红古区 0.01 亿 m³，永登县 0.02 亿 m³，皋兰县 0.06 亿 m³，榆中县 0.10 亿 m³。

　　3. 水资源总量

　　水资源总量为自产地表水资源与不重复地下水资源量之和。经计算，全市多年平均水资源总量 2.63 亿 m³，占甘肃省黄河流域水资源总量的 2.1%，占全省水资源总量的 0.9%。其中：城关区 0.13 亿 m³，七里河区 0.44 亿 m³，西固区 0.248 亿 m³，安宁区 0.04 亿 m³，红古区 0.13 亿 m³，永登县 0.65 亿 m³，皋兰县 0.08 亿 m³，榆中县 0.91 亿 m³。

6.2.6　水资源质量评价

　　河流泥沙。全市年输沙量除宛川河外，其他支流都汇到黄河兰州站以上，年输沙量与径流量变化趋势一致，河川径流量大，则年输沙量大，河川径流量小，则年输沙量小，据 1956—2000 年多年平均泥沙站资料统计，全市多年平均输沙总量为 7100 万 t，其中湟水民和站年输沙量达 1644 万 t。全市四大河流多年平均含沙量变化为 1.0～15.6kg/m³，黄河干流兰州段及大通河较小，分别为 2.2kg/m³、1.0kg/m³，庄浪河及湟水较大，分别为 9.8kg/m³、15.6kg/m³。河流水化学特征。兰州市河流水化学特性具有明显的地带性规律，主要是受气候、水文、地质、环境条件等因素的影响。地表水矿化度的分布趋势，总的规律是由南部向北部逐渐增加，苦水与干旱共生。在榆中南山地区和永登西北部山区，降水较丰沛，水质较好，矿化度一般为 300～500mg/L，为全市的低值区。在庄浪河、黄河干流、宛川河一线的东北部，榆中盆地和永登中东部地区水质一般，矿化度在 1000mg/L 左右，属较高矿化度；榆中北部和皋兰县矿化度一般为 1000～2000mg/L，榆中北山局部地区矿化度竟达 5000mg/L 以上，这些地区都是苦水地区，人畜饮水较困难，部分河水不能用于灌溉。在庄浪河、黄河干流、宛川河一线的西南部，是介于半湿润区与干旱区之间的半干旱区，矿化度为 500～1000mg/L。

　　河流水质状况。据《2010 年甘肃省水资源公报》成果显示，黄河干流水质主要为 Ⅱ 类水，占甘肃省境内黄河河长的 85.7%，Ⅲ 类只占 14.3%；庄浪河水质主要为 Ⅲ 类水，占评价河长的 77.5%，劣 Ⅴ 类水占评价河长的 22.5%；宛川河水质最差，全部为劣 Ⅴ 类水；大通河全部为 Ⅱ 类水，湟水全部为 Ⅲ 类水。

6.2.7　水资源可利用量及可分配水量

　　水资源可利用量是从资源的角度分析可能被消耗利用的水资源量，是水资源合理开发利用的最大限度和潜力，即指在可预见期内，在统筹考虑生活、生产、生态用水的基础上，通过经济合理、技术可行的措施，在流域水资源总量中可一次性被消耗利用的最大水量。

　　地表水资源可利用量是指在可预见期内，在统筹考虑河道内生态环境和其他用水的基础上，通过经济合理、技术可行的措施，在流域（或水系）地表水资源中，可供河道外生活、生产、生态用水的一次性最大水量（不包括回归水的重复利用）。

　　地下水可利用量计算是考虑在不破坏生态环境的前提下，在可预见期内，地下可以开采的最大水量。

　　兰州市水资源可利用量分析主要依据《甘肃省水资源公报（2000—2010 年）》《甘肃

省地级行政区用水总量控制指标》《甘肃省县级水资源开发利用现状分析报告》《甘肃省黄河取水许可总量控制指标细化方案》等相关成果进行分析确定。

我省黄河流域水资源可利用量受国家"87"分水指标限制，即在 2020 年南水北调西线工程实施以前或分水指标未作重新调整前，甘肃省黄河流域地表水的最大耗水量为 30.4 亿 m³。另据《甘肃省黄河取水许可总量控制指标细化方案》，将耗水量 30.4 亿 m³ 分配至甘肃省各市州及黄河干、支流，与各市州及流域机构已达成共识，该成果报告分配兰州市耗水指标 9.01 亿 m³（含引洮一期工程 0.17 亿 m³、引大入秦工程未达到设计水量 1.5 亿 m³），其中黄河干流（含宛川河、庄浪河）5.79 亿 m³，湟水 0.43 亿 m³，大通河 2.79 亿 m³。本次分析计算是在《甘肃省黄河取水许可总量控制指标细化方案》成果的基础上，将分配至兰州市的 9.01 亿 m³ 耗水指标分配至兰州市黄河干、支流及各县级行政区，作为各县区地表水水资源可利用量。

耗水率按照《2010 年甘肃省水资源公报》中兰州市耗水率 0.50 估算，据此计算 2020 年南水北调西线工程实施以前，黄河流域兰州市地表水可分配量为 18.02 亿 m³，占甘肃省黄河流域地表水可分配水量 49.84 亿 m³ 的 36.2%。

据《兰州市地下水利用与保护工程规划》成果数据，兰州市地下水允许开采量为 1.59 亿 m³，占甘肃省黄河流域地下水允许开采量的 8.5%。兰州市水资源可利用量为 19.61 亿 m³，占甘肃省黄河流域可利用总量的 28.6%。

6.3　兰州市水生态安全评价研究方法

在深入研究了影响国内城市水生态安全因素的基础上，借鉴李辉提出的生态安全评价理论体系研究与实例分析[7] 及相关研究[193-198]，选取同样面临着水资源严重短缺、时空分布不均、重复利用率比较低、地下水超采、水体环境污染等问题的北方地区四个城市为研究对象，将其水生态安全评价指标数据进行标准化处理再进行评价指标模糊系统分析，即：构建模糊矩阵，评价指标影响程度分析，评价指标模糊相关分析。最后对已经建立的水生态安全评价体系进行优化，运用优化后的指标体系模糊综合评价兰州市水生态安全状况。

6.3.1　水生态安全评价指标体系初步构建

1. 水生态安全评价指标体系初步建立

通过分析地区的水资源条件与开发利用、水环境与生态及涉水社会经济三大方面整体情况，充分分析水生态安全主要问题，同时考虑数据的可获得性和可操作性。兰州市黄河穿城而过，与经济社会发展相比，水资源配置基础设施仍然薄弱，用水效率偏低，全市水利工程老化失修严重，水资源短缺属于工程性缺水和水质型缺水；以及从遭受洪水危害，城市供水水源安全和城市发展空间布局安全方面考虑，选择市政供水、生活饮用水保障、生态改善与环境建设、河流及地下水水源、污染治理、自然环境条件、城市水环境、工农业生产发展、基础设施建设、城市化发展等显著影响地区水生态安全的因素，作为城市水生态安全评价体系平台，初步构建出下列 38 项指标组成的水生态安全评价指标体系（表 6-1）。

表 6 - 1　　　　　　　　　　　　　　**城市水生态安全评价指标体系**

编号	指标体系	编号	指标体系	编号	指标体系
1	人均 GDP	14	城乡居民存款余额	27	地下水资源量
2	第三产业增加值占 GDP 比例	15	全年空气质量优良天数	28	实有耕地面积
3	农林牧渔增加值	16	高等学校在校生人数	29	有效灌溉面积
4	水利环境投资	17	每千人卫生技术人员	30	经济社会全年用水量
5	城镇居民人均收入	18	常住人口	31	蔬菜产量
6	农民人均纯收入	19	失业率	32	工业废水排放量
7	居民年均生活用水量	20	城镇恩格系数	33	生活污水产生量
8	文化产业增加值	21	每千人卫生技术人员数	34	森林覆盖率
9	道路交通万人死亡率	22	平均气温	35	城市污水处理率
10	粮食总产量	23	年降水量	36	绿地率
11	第三产业投资	24	日照总数	37	生活垃圾无害化处理率
12	居民消费价格指数	25	水资源总量	38	人均水资源量
13	旅游收入	26	地表水资源量		

2. 指标体系数据的标准化

对各项指标进行无量纲化，称为评价指标数据的标准化处理。其公式如下：

对于越大越安全的指标：　　　　　$y_{ij} = (x_{ij} - \min x_i)/(\max x_i - \min x_i)$　　　　　(6 - 1)

对于越小越安全的指标：　　　　　$y_{ij} = (\max x_i - x_{ij})/(\max x_i - \min x_i)$　　　　　(6 - 2)

式中：y_{ij} 为第 i 行 j 列标准化数据；$\max x_i$ 为第 i 行最大值；$\min x_i$ 为第 i 行最小值。

6.3.2　水生态安全评价指标模糊系统分析

（1）建立模糊矩阵 R：将标准化的数据 x_{ik} 和 x_{jk} 代入

$$\gamma_{ij} = \sum_{k=1}^{m} x_{ik} \cdot x_{jk}(i \neq j) \qquad (6 - 3)$$

$$\gamma_{ij} = 1(i = j) \qquad (6 - 4)$$

式中：x_{ik} 为第 i 样本第 k 项指标的无量纲参数；x_{jk} 为第 j 样本第 k 项指标的无量纲参数；m 为样本总数。由此构造的矩阵 $(\gamma_{ij})_{n \times n}$ 称为模糊矩阵。

（2）建立模糊相关矩阵 U：

$$U = \begin{bmatrix} a_{11} & a_{12} & \cdots & a_{1n} \\ a_{21} & a_{22} & \cdots & a_{2n} \\ \vdots & \vdots & & \vdots \\ a_{n1} & a_{n2} & \cdots & a_{nn} \end{bmatrix} a_{ij} \in [0,1] \qquad (6 - 5)$$

式中：a_{ij} 为矩阵元，$i = 1, 2, \cdots, n$。

（3）模糊相关程度分析：根据所建立的模糊相关矩阵以最大矩阵元作为置信水平 λ，求得各指标的置信水平。从所评价系统的主要生态安全影响出发，系统地、综合地表征评价因素的权重。根据模糊矩阵最大矩阵元定理，由下式得到指标因素的权重：

$$W_i = \frac{1 - \lambda_i}{\sum\limits_{i=1}^{n}(1 - \lambda_i)} \qquad\qquad (6-6)$$

式中：W_i 为第 i 指标权重；λ_i 为第 i 指标置信水平。$i=1，2，\cdots，n$。

6.3.3　水生态安全评价指标体系的优化

在处理城市水生态安全评价问题时，各评价指标在不同时期，不同区域都可能发生变化，而且各指标间又是相互联系，相互影响的，绝大多数情况下，变量间的关系比较复杂，要找出他们之间的确切关系往往是不可能的，通常把变量间相互关系的不确定性称为相关的模糊性，结合各评价指标间的强相关关系（由 2.2.2 所建立模糊相关矩阵 U 得出各指标间的强相关关系），可以对城市水生态安全评价指标进行优化，得到最终精简优化后的评价指标。

6.3.4　水生态安全评价体系模糊综合评价

用已经建立优化后的水生态安全评价指标体系进行水生态安全模糊综合评价，得到的评价向量是因素权重向量与模糊矩阵合成的结果。即

$$Y = R \cdot X = (y_1, y_2, \cdots, y_n)^{\mathrm{T}} \qquad\qquad (6-7)$$

式中：Y 为评价向量（y_1，y_2，$\cdots$，y_n 为各年综合评价指数）；R 为标准化的评价指标矩阵（标准化数据组成的矩阵）；X 为评价权重向量（评价指标权重组成的向量）；T 为向量转置符号。

6.4　兰州市水生态安全状况模糊综合评价

根据上述研究方法对兰州市水生态安全状况进行模糊综合评价。

2013 年兰州、西安、北京、西宁的 38 个指标的数据标准化：其中 1（人均 GDP）、2（第三产业增加值占 GDP 比例）、3（农林牧渔业增加值）、5（城镇居民人均收入）、6（农民人均纯收入）、7（居民生活用水）、9（道路交通万人死亡数）、10（粮食总产量）、11（第三产业投资）、12（居民消费价格指数）、13（旅游收入）、18（常住人口）、28（实有耕地）、30（经济社会全年用水量）、32（工业废水排放）、33（生活污水产生量）这16 个指标在数据标准化时越小越安全，所以按式（6-2）计算，其他指标越大越安全，按式（6-1）计算。

根据所建立的模糊相关矩阵以最大矩阵元作为置信水平 λ，求得各指标的置信水平，列于表 6-2 中。

表 6-2　　　　　　　　　　　　评价指标置信水平

指标体系编号	置信水平	指标体系编号	置信水平	指标体系编号	置信水平
1	0.9026	4	0.6507	7	0.6311
2	0.7459	5	0.8306	8	0.6238
3	0.659	6	0.9569	9	0.7804

续表

指标体系编号	置信水平	指标体系编号	置信水平	指标体系编号	置信水平
10	0.6276	20	0.9478	30	0.3437
11	0.9347	21	0.5002	31	0.1945
12	0.8648	22	0.3485	32	0.3758
13	0.3799	23	0.6675	33	0.618
14	1	24	0.6694	34	0.5437
15	0.2211	25	0.0988	35	0.6582
16	0.9231	26	0.5419	36	0.3058
17	0.5533	27	0.1257	37	0.6161
18	0.2967	28	0.4787	38	0.5008
19	0.3691	29	0.3404		

结合各评价指标间的强相关关系（由2.2.2建立模糊相关矩阵U），可以对城市水生态安全评价指标进行优化。最终将15（全年空气质量优良天数）、16（高等学校在校生人数）、18（常住人口）、20（城镇恩格尔系数）、22（平均气温）、24（日照总数）、25（水资源总量）、27（地下水资源量）、31（蔬菜产量）、32（工业废水排放量）、33（生活污水产生量）、34（森林覆盖率）、36（绿地率）这几个对兰州市水生态安全状况影响较小的数据剔除，剩余25个指标（表6-3）作为优化后的兰州市水生态安全评价指标体系。

黄河在兰州市穿城而过，湟水、大通河等较大支流在兰州西部汇入黄河，但随着全市经济社会的快速发展，城市规模扩展迅速，农业灌溉面积扩大和再造兰州战略的实施，以及国务院"87"分水方案限制，与经济社会发展相比，水资源配置基础设施仍然薄弱，用水效率偏低，全市水利工程老化失修严重，兰州市水资源短缺属于工程性缺水和水质型缺水。优化后的25指标体系从经济社会全年用水量，有效灌溉面积，人均水资源量，旅游收入，水利设施投资等方面对兰州市水生态安全进行评价也符合现实状况。

由式（6-6）计算得各指标体系权重，见表6-3。

表6-3　　　　　　　　　　　　优化后25个评价指标权重

指标体系编号	权　重	指标体系编号	权　重	指标体系编号	权　重
1	0.011	10	0.0421	26	0.0518
2	0.0288	11	0.0074	28	0.059
3	0.0386	12	0.0153	29	0.0746
4	0.0395	13	0.0701	30	0.0742
5	0.0192	14	0	35	0.0387
6	0.0049	17	0.0505	37	0.0434
7	0.0417	19	0.0713	38	0.0565
8	0.0425	21	0.0565		
9	0.0248	23	0.0376		

表 6-4　　　　　　　　　　兰州市 2009—2013 年标准化数据表

指标体系编号	2009	2010	2011	2012	2013	指标体系编号	2009	2010	2011	2012	2013
1	1	0.32	0.32	0.01	0	14	0	0.19	0.42	0.7	1
2	0.51	0.97	1	0.664	0	17	0	0.77	0.77	1	0.85
3	1	0.899	0.535	0.167	0	19	0.98	1	0.73	0	0.05
4	0	0.976	1	0.326	0.195	21	0	0.5	0.8	1	0.89
5	1	0.85	0.63	0.34	0	23	0	0.02	0.9	1	0.55
6	1	0.81	0.6	0.29	0	26	0	0.3	0.6	0.8	1
7	0.727	0.273	0.182	1	0	28	1	0.99	0.65	0.47	0
8	1	0.87	0.68	0.42	0	29	0	0.19	0.47	0.74	0
9	1	0.42	0.29	0.67	0	30	0.13	0.1	1	0.11	0
10	1	0.8	0.55	0.33	0	35	0	0.6	0.75	0.9	1
11	1	0.85	0.45	0.29	0	37	0	0.25	0.5	0.75	1
12	1	0	0.9	0.33	0.07	38	1	0.727	0.455	0.273	0
13	1	0.996	0.62	0.31	0						

根据表 6-3 优化后的指标权重表及表 6-4 兰州市 2009—2013 年标准化数据表，由式（6-7）计算得到兰州市 2009—2013 年水生态安全状况评价向量：

$$Y = (0.3347, 0.5248, 0.66, 0.6034, 0.5159)^{\mathrm{T}}$$

由上述评价向量得到兰州市 2009—2013 年水生态安全综合评价指数依次为 0.3347、0.5248、0.66、0.6034、0.5159。

6.5　兰州市水生态安全评价结果分析

6.5.1　兰州市水生态安全综合评价指数随时间变化及影响

从评价结果来看，兰州市 2009—2013 年水生态安全状况大致呈抛物线状分布（图 6-1），2009—2011 年水生态安全状况总体呈健康稳定上升趋势，2011 年之后水生态安全状况呈缓慢下降趋势。这可能与 2009 年开始兰州市加大了水利环境方面投资力度，兰州市政府部门也明确提出了兰州市要搞好水生态文明建设，确保城市科学用水、安全用水、节约用水，从根本上改善城市供水结构，努力把兰州打造成宜居宜业宜游的山水城市所做出的努力有关；尤其在 2011 年水利环境方面投资（图 6-2）达到了峰值，而之后水生态安全状况整体出现缓慢下降趋势，这可能与兰州市城市化进程的加快，工业和人口对水资源供应方面的压力增大，防洪压力较大，而兰州市水生态安全状况的提高对水利环境方面的投资依赖较大有关。兰州市水生态安全状况整体发展良好，但水生态安全突发事件时有发生，水生态安全状况不稳定，前段时间兰州市自来水苯超标事件也从一个侧面说明了兰州市水生态安全形势的严峻性。

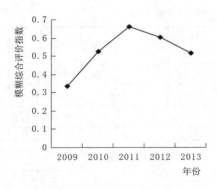

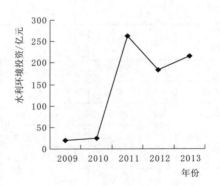

图 6-1　综合评价指数　　　　　　　图 6-2　水利环境投资

6.5.2　兰州市水生态安全综合评价指标与各指标相关分析

由相关分析可以找出影响兰州市水生态安全的主要影响因子（图 6-3），可以看出经济社会全年用水量（图 6-4）、有效灌溉面积（图 6-5）、实有耕地面积、人均水资源量这几个指标对水生态安全综合指标影响较大，这反映出了解决好兰州市工程型和水质型缺水问题有重要意义。旅游收入、失业率、每千人卫生技术人员数等对水生态安全综合指标影响也较大，这表明水生态安全受人类经济社会活动影响比较大，因而发展生态旅游，发展循环经济和绿色产业，依赖经济发展和投资带动兰州市水生态安全提升意义重大。结合各评价指标间的强相关关系（由 2.2.2 建立模糊相关矩阵 U 得）可知，全年空气质量优良天数、高等学校在校生人数、城镇恩格尔系数、平均气温、日照总数、水资源总量、地下水资源

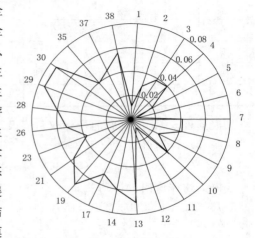

图 6-3　兰州市水生态安全综合评价
指标与各指标相关分析

量、蔬菜产量、工业废水排放量、生活污水产生量、森林覆盖率、绿地率这些指标对兰州市水生态安全状况影响比较小，这也与黄河从兰州市穿城而过的实际情况基本相符。

6.5.3　兰州市水生态安全综合评价指数整体变化趋势

宏观上来说，兰州市水生态安全状况整体趋于向好，但发展的基础不稳定，与水有关的环境、经济、社会发展方面的压力持续增大，人口总量以及有效灌溉面积（图 6-5）和经济社会全年用水量（图 6-4）在逐年增加，使城市供水压力不断加大；这加重了兰州市工程型缺水状况。环境方面工业废水和生活污水排放量也在逐年增大，但污水处理率不高，这对确保水生态安全带来了不小的压力，防洪压力一直存在，因而继续加大兰州市水利环境方面投资力度，发展绿色环保产业意义重大。兰州市黄河穿城而过，水量较大，加大水利环境方面的政策支持，积极倡导全民行动，提高水生态安全保护意识是根本。

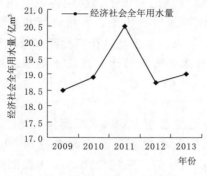
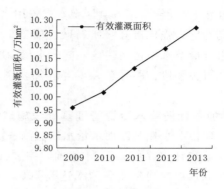

图 6-4　经济社会全年用水量　　　　　图 6-5　有效灌溉面积

6.6　兰州市水生态安全评价主要结论

在对影响城市地区的水生态安全因素深入分析的基础上，以具有代表性的北京、西安、西宁和兰州四个城市为例，从水资源条件与开发利用，水环境与水生态、涉水有关的社会经济等方面，统一选取影响水生态安全的 38 项指标，初步构建水生态安全评价指标体系；然后利用模糊系统分析方法对指标体系进行优化，最终建立以 25 项指标组成的兰州市水生态安全评价体系，并用优化后的指标体系对兰州市 2009—2013 年水生态安全状况进行模糊综合定量评价，并以此为基础进行相关分析，找出最主要影响因素；评价结果表明：兰州市水生态安全状况总体趋于好转，但仍受人类生产、生活等活动的影响较大，部分因素还在威胁兰州市水生态的安全，而且仍面临严峻挑战，应引起城建和管理部门重视；最后对兰州市水生态安全建设方面提出了几点针对性的建议。

（1）将基于模糊系统分析的方法应用到兰州市水生态安全评价当中，得到了较为客观合理的评价结果。这为建立普遍适用的城市水生态安全的定量评价提供了一种思路。

（2）在对兰州市水生态安全状况进行模糊综合评价后再进行相关分析，找出了主要影响因子，研究表明此方法能为地区经济发展与水生态安全相互协调提供理论指导。

（3）根据兰州市水生态安全评价综合指数与各指标间相关分析，建议因地制宜地在以下方面做出努力：加大水利环境方面的投资，因而提升防洪能力，这对促进兰州市水生态安全状况提高具有极其重要的意义；从引大入秦工程源头确保用水安全，为兰州新区的发展提供强有力的支持，促进兰州市经济又好又快发展；加快兰州市旅游业的发展，促进循环经济理念和清洁、绿色、环保产业发展，这对经济健康可持续发展以及加快丝绸之路经济带的建设意义重大。加强群众节水意识宣传和培养，加强水资源监管，防止水源污染事件的再次发生。

6.7　兰州市水生态安全调控对策及建议

6.7.1　强化制度和能力建设

制定《兰州市最严格的水资源管理制度实施办法》和《兰州市取水许可和水资源费征

收管理办法》。指导全市各县区在本报告用水总量控制的基础上，制定各主要用水户用水总量控制指标。强化市县级水行政主管部门对水资源管理力度，严格许可总量的控制管理。积极开展节水型社会建设，健全水权制度，加强总量控制，严格定额和需水管理。重视经济和科技手段，引导公众参与，加快工程节水和管理节水，提高水资源利用效率和效益。

6.7.2 加强计量等水资源管理基础设施建设

（1）建设取水控制断面水量水质监测系统。建立覆盖主要取水断面和关键控制断面的水量水质监测计量系统，2013年前，主要用水户取水控制断面监测率达到50%；2015年，全部取水户控制断面监测率达到100%。2015年前，完成全市地下水监测网络系统建设。

（2）完善取水户取用水计量设施。2012年，全市非农业取水计量率达到100%，大中型灌区取水口取水计量率达到60%；规模以上非农业取水自动监测计量率达到40%。2015年，全市大中型灌区取水口取水计量率达到80%，斗口以上取水计量率达到50%，地下水开采井计量率达到100%。

（3）建设水资源管理信息系统。2011年，全省已经完成信息化建设实施方案制定工作，2015年基本建成全市统一的水资源管理信息自动采集、传输和应用系统，初步实现水资源管理信息化。

6.7.3 规范统计与信息发布

2011年，结合水利普查和水利统计工作，全面开展取水户普查和用水统计工作，2012年底前初步建立全市统一的取水许可管理台账制度；2015年前，初步建立省级重点取水户取水量的账户系统。2011年，在甘肃省水资源公报基础上，建立全市用水指标统计考核制度；2012年建立重点用水户取用水月、季和年度统计制度，配合省水利厅建立全市地下水通报和考核制度；2015年，建立全市取用水月、季和年度统计制度。

6.7.4 加强管理队伍建设

2012年前，全市设置专门的水资源管理机构，县级行政区确定专职工作人员或成立专门的水资源管理或节水管理机构。2015年，水资源管理人员结构合理，节水水平高，能适应最严格水资源管理制度要求。健全水权转让制度体系，满足经济社会发展用水及时跟踪总结水权转换试点项目的经验，规范水权转让的程序、地域、期限、价格、监管等重要环节，推进水权转让的健康发展，有效缓解全市相关地区的用水紧张局面，最大限度地发挥水资源的综合效益，为全市经济社会的可持续发展提供有力保障。

6.7.5 建立合理的水价形成机制，促进节水社会化管理

根据水资源的紧缺程度和供水成本的变化，适时调整水价，形成水价的合理调整机制。以水价引导农业结构的调整和节约用水，以水价引导合理利用地下水。积极培育和发展用水者组织，鼓励公众参与水权、水量分配和水价制定，促进节水的社会化管理。

第 7 章

白银市水生态安全评价研究

7.1 区域水生态安全研究概况

    研究影响白银市水生态安全的主要影响因子，为白银市水生态安全城市建设服务，同时为白银市水生态安全管理提供理论依据。采用基于模糊系统分析的方法对白银市水生态安全评价指标进行分析优化，运用模糊综合评价的方法对白银市水生态安全状况模糊综合评价，并对白银市各县区水生态安全状况分级。经模糊系统分析得到了影响白银市水生态安全的主要影响因子，模糊综合评价后得出了白银市各县区水生态安全状况排序。白银市水生态安全城市建设过程中，蒸发量、万元增加值用水量、污水处理达标率、GDP、固定资产投资、年均降雨量、城镇居民可支配收入这几个指标对水生态安全的影响尤为突出，白银市各县区水生态安全状况发展不均衡，水生态安全城市建设还面临严峻挑战，应引起城建管理部门重视。

    党的十八大以来，习近平总书记发表了一系列关于生态文明建设的重要讲话，引起了巨大的社会反响[96]。习近平强调，生态环境保护是功在当代、利在千秋的事业。走向生态文明新时代，建设美丽中国，是实现中华民族伟大复兴的中国梦的重要内容。生态安全与国防安全、经济安全同等重要，都是国家安全的重要基石，它是指一定尺度上气候、水、空气、土壤等环境和生态系统的完整性和健康水平[103]。饮用水安全难以得到有效保障，区域水生态安全形势不容乐观，水生态安全问题的存在直接威胁到区域社会经济的可持续发展[170]。目前我国关于水生态安全方面的研究已经较多，黄昌硕[103]、张曰良[170]、蓝庆新[172]、严立冬[149]等就城市化进程中的水生态安全问题，城市水生态文明城市建设指标体系的构建做了研究，基本解决了关于水生态安全的一些定性的概念、内涵及对策探讨。王玲玲[199]、靳春玲[164]、李万莲[96]等分别应用不同的评价指标模型对城市水安全状况进行了评价研究，在专家打分的基础上，对影响水生态安全的指标进行打分，得到权重。李橙等[200]运用灰色关联度和模糊综合评价的方法对河北省主产葡萄品质评价方面进行了研究，得出模糊综合评价在葡萄品质评价中优于灰色关联分析的结论。李辉[141]应用模糊系统分析和模糊综合评价的方法对辽宁省主要的 14 个市区生态安全状况评价研究，得到了客观合理的评价结果。水生态安全评价方面研究方法多为传统的层次分析法、综合指数法、主成分分析法等，缺乏一定的创新。关于水生态安全评价本身存在模糊性和不确定性，因此运用基于模糊系统分析和模糊综合评价的方法对白银市水生态安全评价研究也就具有了独特的理论优势。

7.2　白银市水生态安全概况

7.2.1　水资源概况

水利工程现状及供水能力来看，截至 2014 年，白银市共建成各类水利工程 939 处，其中地表水供水工程中蓄水工程共 32 处（水库 13 座，塘坝 19 座），总库容 13605 万 m^3，现状供水能力 2737 万 m^3；引水工程 8 处，2014 年供水能力 10238 万 m^3；提水工程 248 处，2014 年供水能力 93521 万 m^3；现状各类地表水供水工程供水能力为 106496 万 m^3。各类地下水供水工程生产井 651 眼，2014 年供水能力 5398 万 m^3。其他水源 2014 年利用水量 1048 万 m^3。2014 年末白银市各类供水工程年供水能力 112942 万 m^3。

7.2.2　现状水资源许可总量及用水量

从现状取水许可总量来看，白银市境内经黄河水利委员会、甘肃省水利厅、白银市水务局及三县两区水行政主管部门批准许可水量为 129633 万 m^3，其中外供水量为 20186 万 m^3，市内许可水量为 109447 万 m^3（地表水许可水量为 101960 万 m^3，地下水许可水量为 7487 万 m^3）。

从现状用水量来看，2014 年白银市总用水量 101237 万 m^3，其中地表水 94737 万 m^3，地下水 5453 万 m^3，其他水源供水 1048 万 m^3。按行业分：城镇生活用水 3442 万 m^3，占总用水量的 3.40%；农村生活用水 1207 万 m^3，占总用水量的 1.19%；工业用水量 10705 万 m^3，占总用水量的 10.58%；农业灌溉用水 84495 万 m^3，占总用水量的 83.46%；大小牲畜用水量 990 万 m^3，占总用水量的 0.98%；生态环境用水 399 万 m^3，占总用水量的 0.39%。

7.3　白银市水生态安全评价研究方法

白银市毗邻甘肃省省会兰州，自然区划上属陇西黄土高原向腾格里沙漠过渡地带，全市地形地貌复杂，水资源匮乏与水土流失并存，由于自然及人类因素影响导致土地沙漠化，黄河白银段地表水环境污染贡献尚未得到有效控制，森林覆盖率增速缓慢，城市环境空气污染加重，以旱灾为主要特征的自然灾害扩大，农业生态环境和农村生态环境受到污染。

7.3.1　白银市水生态安全评价指标体系构建

由于水生态安全的评价是多指标的综合评价，存在一定的模糊性和不确定性，其受人类经济社会活动和自然生态影响较大，主要从指标的可获得性和准确可靠性出发，同时参照前人研究成果，在对前人关于水生态安全评价指标体系的深入研究基础上[193-194,179,201-202]，选取了以下 16 个具有典型性代表白银市水生态安全环境状况的指标，构建了一个与水有关的，涵盖经济、环境、生态的水生态安全评价指标体系，见表 7-1。

表 7-1　　　　　　　　　　　白银市水生态安全评价指标体系

编号	指 标	编号	指 标	编号	指 标	编号	指 标
1	蒸发量	5	人口	9	城乡参合率	13	可用水资源量
2	万元增加值用水量	6	GDP	10	固定资产投资	14	年均降雨量
3	耕地面积	7	城镇居民可支配收入	11	污水处理达标率	15	第三产业比重
4	有效灌溉面积	8	农民纯收入	12	森林覆盖率	16	农业增加值

由于水生态安全评价是多指标的综合评价，指标涉及范围广，需要将数据按比例缩放，使之落入到一个小的特定区间为 0~1，即对数据的归一化，使各指标无量纲化，称为评价指标数据的标准化处理，公式如下：

$$\mu_{ik} = (\max x_i - x_{ik})/(\max x_i - \min x_i) \qquad (7-1)$$

$$\mu_{ik} = (x_{ik} - \min x_i)/(\max x_i - \min x_i) \qquad (7-2)$$

式中：μ_{ik} 为第 i 城市第 k 指标标准化值；x_{ik} 为第 i 城市第 k 指标值；$\max x_i$ 为第 i 城市评价指标最大值；$\min x_i$ 为第 i 城市评价指标最小值。对于越大越安全的指标采用式（7-1），越小越安全的指标采用式（7-2）。

运用式（7-1）和式（7-2），对白银市各县区的水生态安全评价指标数据进行标准化处理，结果见表 7-2。

表 7-2　　　　　　白银市各县区水生态安全评价指标数据标准化

指标及编号	白银区	平川区	靖远县	会宁县	景泰县
1 蒸发量	0.2242	0.0477	0.0008	0	1
2 万元增加值用水量	0.2051	1	0.5641	0	0.4359
3 耕地面积	1	0.0475	0.3465	0	0.1878
4 有效灌溉面积	0.1432	1	0	0.4892	0.6073
5 人口	0.1975	1	0.6871	0	0.051
6 GDP	1	0.1801	0.0463	0	0.0157
7 城镇居民可支配收入	1	0.904	0.1321	0	0.1665
8 农民纯收入	0.7857	0.0359	0	1	0.1539
9 城乡参合率	0.2727	1	0.6818	0.5773	0
10 固定资产投资	1	0.061	0	0.0578	0.0362
11 污水处理达标率	1	0	0	0	0
12 森林覆盖率	1	0.2	0.4	0.28	0
13 可用水资源量	0.065	0.1365	1	0	0.9271
14 年均降雨量	0.0348	0.0599	0.2196	1	0
15 第三产业比重	1	0	0.9161	0.9569	0.644
16 农业增加值	0.1593	0	1	0.6787	0.3366

7.3.2　白银市水生态安全评价指标模糊系统分析

建立模糊矩阵 R，将标准化的数据 μ_{ik} 和 μ_{jk} 代入：

$$\gamma_{ij} = \sum_{k=1}^{m} \mu_{ik} \cdot \mu_{jk} (i \neq j) \qquad (7-3)$$

$$\gamma_{ij}=1(i=j) \tag{7-4}$$

式中：μ_{ik} 为第 i 城市第 k 指标的无量纲参数；μ_{jk} 为第 j 城市第 k 指标无量纲参数；m 为评价指标总数。由此构造的矩阵 $(\gamma_{ij})_{n\times n}$ 称为模糊矩阵。

建立模糊相关矩阵 U，以相关隶属函数表征矩阵元，构造的矩阵为模糊相关矩阵，记为

$$U=\begin{bmatrix} a_{11} & a_{12} & \cdots & a_{1n} \\ a_{21} & a_{22} & \cdots & a_{2n} \\ \vdots & \vdots & & \\ a_{n1} & a_{n2} & \cdots & a_{nn} \end{bmatrix} \tag{7-5}$$

式中：a_{ij} 为模糊矩阵元；$a_{ij}\in[0,1]$。

$$a_{ij}\left| \frac{\sum_{k=1}^{m}(\mu_{ik}-\overline{\mu_i})(\mu_{jk}-\overline{\mu_j})}{\sqrt{\sum_{k=1}^{m}(a_{ik}-\overline{a_i})^2\sum_{k=1}^{m}(a_{jk}-\overline{a_j})^2}}\right| \tag{7-6}$$

式中：$\overline{a_i}=\frac{1}{m}\sum_{k=1}^{m}a_{ik}$；$\overline{a_j}=\frac{1}{m}\sum_{k=1}^{m}a_{jk}$；$i,j,k=1,2,\cdots,m$；$a_{ik}$ 为第 i 城市第 k 指标值；a_{jk} 为第 j 城市第 k 指标值。

根据所建立的模糊相关矩阵 U，以最大矩阵元所在行得各指标置信水平；在相关矩阵 U 中最大矩阵元所在行的值即为各指标的置信水平值，求得各指标的置信水平。白银市水生态安全评价指标的置信水平见表 7-3。

表 7-3　　　　　　　　　白银市水生态安全评价指标置信水平

指标编号	置信水平	指标编号	置信水平	指标编号	置信水平	指标编号	置信水平
1	0.2741	5	0.5732	9	0.4574	13	0.4979
2	0.3163	6	0.3321	10	0.3403	14	0.3763
3	0.4402	7	0.3875	11	0.3155	15	1
4	0.6053	8	0.581	12	0.5156	16	0.6126

根据模糊矩阵最大矩阵元定理，由式（7-7）得到白银市水生态安全评价指标权重，表 7-4 为白银市水生态安全评价指标体系指标权重。

$$W_k=\frac{1-\lambda_k}{\sum_{k=1}^{n}(1-\lambda_k)} \tag{7-7}$$

式中：W_k 为第 k 指标权重；λ_k 为第 k 指标置信水平；$i=1,2,\cdots,n$。

表 7-4　　　　　　　　白银市水生态安全评价指标体系指标权重

指标编号	权重	指标编号	权重	指标编号	权重	指标编号	权重
1	0.0867	5	0.051	9	0.0648	13	0.06
2	0.0817	6	0.0798	10	0.0788	14	0.0745
3	0.0669	7	0.0732	11	0.0819	15	0
4	0.0472	8	0.0501	12	0.0579	16	0.0458

7.3.3　白银市水生态安全状况模糊综合评价

用白银市水生态安全评价指标体系对白银市的水生态安全状况进行模糊综合评价，综合评价是因素权重向量与模糊矩阵合成的结果。即

$$Y = R \cdot X = (y_1, y_2, \cdots, y_n)^T \tag{7-8}$$

式中：Y 为评价向量；R 为标准化的评价指标矩阵；X 为评价权重向量。

由式（7-8），根据表 7-2、表 7-4 计算得到白银市各县区水生态安全状况评价向量：

$$Y = (0.5623, 0.3634, 0.3072, 0.3237, 0.1745)^T$$

7.4　白银市水生态安全评价结果分析

7.4.1　白银市水生态安全综合评价指数影响

从评价结果来看，白银市的五个县区中，其水生态安全综合评价指数，白银区、平川区、靖远县、会宁县、景泰县依次为 0.5623、0.3634、0.3072、0.3237、0.1745（图 7-1）。可以很明显看出白银区水生态安全状况最好，景泰县水生态安全状况相较而言最差。

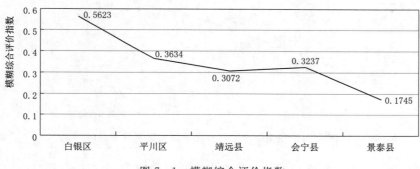

图 7-1　模糊综合评价指数

7.4.2　白银市水生态安全综合评价指数整体趋势

城市水生态安全状况的分级凸显了城市水生态安全状况的层次性，有利于促进城市产业结构因地制宜合理发展，从而采取区别化的政策措施，有力提升城市水生态安全状况。参考前人研究成果[61] 及白银市水生态安全实际状况，按照评价向量可以将评价结果分为 3 级：$y \geqslant 0.45$ 为Ⅰ级（较好），$0.3 \leqslant y < 0.45$ 为Ⅱ级（一般），$y < 0.3$ 为Ⅲ级（较差）。表 7-5 为白银市各县区中，白银区水生态安全状况为Ⅰ级，平川区、靖远县、会宁县水生态安全状况为Ⅱ级，景泰县水生态安全状况为Ⅲ级。

表 7-5　　　　　　　　　　　白银市水生态安全状况分级

水生态安全分级	Ⅰ	Ⅱ	Ⅲ
分级	$y \geqslant 0.45$	$0.3 \leqslant y < 0.45$	$y < 0.3$
地区	白银区	平川区、靖远县、会宁县	景泰县

7.4.3　白银市水生态安全综合评价指标与各指标相关分析

由白银市水生态安全评价综合指数与各指标相关分析（图 7 - 2）可以找出影响城市水生态安全的主要影响因子。将影响白银市水生态安全的影响因子沿横坐标从大到小排列（图 7 - 3），从白银市水生态安全评价指标累计贡献率图中可以看出，蒸发量、万元增加值用水量、污水处理达标率、GDP、固定资产投资、年均降雨量、城镇居民可支配收入这几个指标对水生态安全综合指标影响较大，其累计贡献率可达 62%。

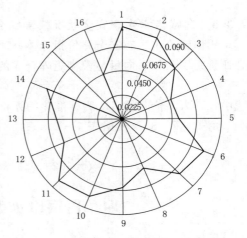

图 7 - 2　白银市水生态安全评价综合
指数与各指标相关分析

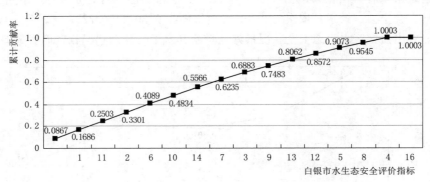

图 7 - 3　白银市水生态安全评价指标累计贡献率

根据相关分析，显著影响白银市水生态安全状况的前 11 个指标（图 7 - 3）的累计贡献率达到了 81%，能够基本反映白银市水生态安全状况的绝大部分信息，同时根据白银市水生态安全实际状况及指标的可靠性与准确性出发，将 16 个指标组成的水生态安全评价指标进行优化，剔除对白银市水生态安全状况影响较小的指标（5、8、4、16、15），得到了 11 个指标组成的水生态安全评价指标体系，并用优化后的评价指标体系对白银市水生态安全状况进行模糊综合评价，由式（7 - 8）得

$$Y = (0.4191, 0.1817, 0.2264, 0.3801, 0.1201)^{\mathrm{T}}$$

7.5　白银市水生态安全评价对策及建议

7.5.1　白银市水生态安全整体状况分析

对白银市水生态安全状况模糊综合评价，得出：白银市各县区中水生态安全状况白银区相较而言最好，景泰县最差；这与白银区是白银市政治经济文化中心，基于本身的地理区位优势及政策支持，白银区水生态安全状况较好；而景泰县在白银市各县区中年均蒸发

量最大，靠近沙漠地带，生态环境本身比较脆弱。在对城市水生态安全状况模糊综合评价之后，进行了白银市水生态安全评价综合指数与各指标相关分析，找出了主要影响因子。从影响白银市水生态安全的这些主要的影响因子中可以看出，白银市水生态安全状况发展受自然环境（蒸发量，年均降雨量），经济社会发展水平（万元增加值用水量、污水处理达标率、GDP、固定资产投资、城镇居民可支配收入）的影响较大，这表明了白银市水生态安全受人类经济社会活动影响较大，自然生态环境较为脆弱的这个现实状况，加大对白银市基础设施投入，优化产业结构，促进经济健康可持续发展意义重大。由于白银市地形地貌复杂，模糊综合评价结果也表明，白银市水生态安全发展状况不均衡，两极分化现象明显，白银区水生态安全状况属于Ⅰ级区，而景泰县水生态安全状况处于Ⅲ级区。

根据优化后的白银市水生态安全评价指标体系对白银市水生态安全状况进行模糊综合评价，其评价结果趋势基本与未优化的评价指标体系相近，由优化后评价体系得到的白银市水生态安全状况整体降低，这也更能说明白银市水生态安全状况整体较为脆弱的现实。由于水生态安全评价本身的模糊性和不确定性，运用基于模糊系统分析和模糊综合评价的方法进行水生态安全评价研究具有理论和实际的优越性，具有较强的可操作性，指标权重的确定也更为合理准确。

7.5.2　当前存在的主要问题

1. 可使用水资源单一，区域供需矛盾突出

白银市气候干旱少雨，人均自产水资源占有量 $136m^3$，为全省和全国人均占有量的 12.3% 和 6.2%，亩均占有量 $51m^3$，为全省和全国亩均占有量的 12.4% 和 2.9%；人均许可开发利用水资源量 $605m^3$，是全省人均占有量的 1/2，全国人均占有量的 1/4，属资源型缺水区域。各行业用水多数从黄河直接取水，远离黄河干流和提灌工程的区域，生活生产用水十分困难。在黄河干流沿岸和提灌工程供水范围内，人民生活因水受益，在提灌工程区周边还有大量土地受工程规模限制不能灌溉，群众生活十分困难。现状条件下白银市国民经济社会需水 108279 万 m^3，实际供水量为 101237 万 m^3，缺水量 7042 万 m^3 左右，缺水程度 6.5%，随着经济社会进一步快速发展，其水资源供需矛盾将进一步加剧。

2. 水资源利用效率低，单方水产值效益差

白银市现状各部门用水中农业用水占总用水量的 86%，全市农田灌溉平均用水 $7485m^3/hm^2$，灌溉水利用系数为 0.615。全市高效节水灌溉面积 0.79 万 hm^2，占农田有效灌溉面积的 7.0%，距高效节水农业要求还有一定差距。特别是沿黄自流灌区，部分灌区平均用水超过 $15000m^3/hm^2$，水资源利用效率和效益较低。现状白银市城市污水处理率 51%，处理后全部排放未回用，工业用水重复利用率为 81.5%，低于全国平均水平，城市管网漏失率 15.2%。

3. 管理制度还不完善，节水体系尚未形成

当前节水管理体制机制与全面建设节水型社会的要求还不相适应，工业节水、农业节水、服务业节水、城乡居民生活节水、污水处理、中水回用、水资源保护等职能分属于水利、城建、环保等不同部门来行使，水资源在统一规划、联合调度和优化配置以及供、用、耗、排全过程管理缺乏有效的协调机制。同时，水资源有偿使用制度尚不健全，市场在水资源配置中的基础作用未得到充分发挥，合理的水价机制尚未形成，难以调节用水

行为。

4. 节水设施建设滞后，技术推广力度不够

白银市现行的节水配套措施不健全，各类用水标准体系不完善，取用水和排水计量及监测设施不健全，难以控制水资源的精细使用。在推广农业节水过程中，也存在高效节水农业节水不完善、高效农田节水技术不配套、机械化程度低等问题。工业用水重复利用率和城市节水器具普及率均不高，真正意义上的节水设施建设和技术推广还没有全面开展。

5. 节水资金投入不足，民众节水意识不强

节水高新技术引进、推广和应用以及工业节水设备的更新改造、灌区的节水改造及维修挖潜均需要大量的资金投入，而目前长效的节水投入保障机制不健全，节水管理和节水工程基础设施薄弱，欠账较多。大部分基础设施，特别是中小型农业用水设施，因建设标准较低、配套不完善、维修更新不及时，造成设施老化失修、利用效益低下，难以适应水资源高效利用的要求。长期以来，由于受传统用水观念的影响，人们普遍缺乏水资源短缺意识，水权不清，缺乏水权市场化建设，民众节水意识不强，农业、生活、工业用水浪费严重。

7.5.3　对策建议

在现状用水的基础上，通过利用工程节水、技术节水、管理节水、产业结构调整等各种节水措施来提高灌溉水利用系数，提高用水效率，为全市经济社会可持续发展提供水资源保障。在充分考虑可能实现的渠系和田间改造、调整作物种植结构、加强管理等方面的因素提高灌溉水利用系数，采取以上节水措施，到 2020 年末农业灌溉平均综合灌溉定额控制到省上确定的综合用水定额 52653m^3/hm^2，灌溉水利用系数 0.645 以上。到 2020 年末农业综合节水量为 21355 万 m^3。

在"十三五"期间，通过加大工业结构调整，实施节能降耗，培育大企业，提高技术创新，充分发挥市场配置资源的基础性作用，优化发展环境，提升工业经济效益和综合竞争力。根据《甘肃省用水效率控制指标及其考核体系》，到 2020 年白银市万元工业增加值用水指标控制到 27m^3，在节水条件下，工业年需水量从现状的 10705 万 m^3 减少到 3921 万 m^3，可节约水量 6784 万 m^3，节水率为 63%。

白银市现状城镇生活用水量为 3442 万 m^3，通过提高节水器具普及率（由 2014 年的 55% 提高到 80%），降低管网漏失率（由 2014 年的 15% 下降到 10% 以内），提高污水回用率（由 2014 年的 5% 可提高到 50%），在节水条件下，到 2020 年生活年用水量降低至 3186 万 m^3，可节约水量 256 万 m^3，节水率 7.4%。

综上分析，白银市在现状实物指标条件下，经采取各种节水措施，现状各行业到 2020 年末可节水总量为 28395 万 m^3，其中农业节水量为 21355 万 m^3，占总节水量的 75.2%；工业节水量 6784 万 m^3，占总节水量的 23.9%；生活节水量 256 万 m^3，占总节水量的 0.9%。可保障白银市经济社会发展的用水需求。

节水目标的实现离不开政府强有力的领导、各部门密切协作、全社会的共同努力，政府各部门建立分类指导的实施机制，调整和完善政策导向，重视各项配套措施的建设，做到"政府主导、社会参与、制度创新、规范用水"，包括落实相关规划、配套工程资金的筹集、加大执法监管力度等，只有强化各项节水措施，健全完善管理体制，这样才能保障节水发展目标的全面实现。

第 8 章

流域水生态安全评价研究展望

8.1 流域水生态安全评价研究存在的局限性

水生态安全评价是基于水利部提出水生态文明建设所提出的具体实践方法。水生态文明建设与经济建设、社会发展一起，是实现可持续发展的重要保障。水利部明确了水生态文明建设包括八个方面的主要工作内容：一是落实最严格水资源管理制度；二是优化水资源配置；三是强化节约用水管理；四是严格水资源保护；五是推进水生态系统保护与修复；六是加强水利建设中的生态保护；七是提高保障和支撑能力；八是广泛开展宣传教育。总结提出的这八个工作内容比较全面，也是水利部门的主要工作，也可以理解为水利部落实党的十八大提出的生态文明理念的具体抓手。

1. 提升流域水生态安全状况中还存在一些误区

当前，在推动流域水生态安全建设中，还存在一些认识误区，主要表现在以下几个方面。

（1）始终贯穿生态文明理念，服从生态文明建设大局。水生态文明建设是水利部贯彻落实党的十八大提出的生态文明理念的一项重要举措，水利部门在实施生态文明建设中具有重要作用，但不能理解为水利部门"单打独斗""另搞一套"，要把生态文明理念贯穿于水利工作的方方面面，要服从于全国生态文明建设大局。

（2）主动为生态文明建设做好服务，积极参与到生态文明建设中。虽然说水资源是生态文明建设的核心制约因素，水利应走在生态文明建设的前列，但是并不等于说水利部门是被动的参与，应该积极主动参与生态文明建设的许多有关方面，成为践行党的十八大精神的主力军。

（3）不是水利部门常规工作的简单梳理和集成，应该是贯彻党的十八大精神和生态文明建设理念的一种升华和系统提高。有人看到水利部提出的水生态文明建设八方面主要工作内容时，感觉好像就是以往水利部主抓工作的再一次罗列。这种认识是不全面的，这八个方面仅仅是建设水生态文明的主要抓手，必须牢牢围绕生态文明建设这个纲，转变观念、提高认识，深刻领会党的十八大精神，切实抓好水生态文明建设工作。

（4）以科学发展观为指导，牢固树立人水和谐理念。在经济社会快速发展过程中，要尊重自然规律和经济社会发展规律，充分发挥生态系统的自我修复能力，以水定需、量水而行、因水制宜，推动经济社会发展与水资源和水环境承载力相协调。

（5）水利工程建设与生态系统保护应和谐发展。以往水利部门很多人过于重视水利工程建设，过于强调水利工程建设带来的经济效益，忽视因工程建设对生态系统的影响。应在水利工程前期工作、建设实施、运行调度等各个环节，都要高度重视对生态环境的保护，着力维护河湖健康，重视进行水生态系统保护与修复，使工程建设与生态系统保护和谐发展。

（6）工程措施与非工程措施应和谐发展。生态文明建设并不是只考虑生态系统保护，而是发展与保护协调发展。生态文明建设中的水利工作，既包括工程建设等措施，也包括水资源管理制度、法制、监管、科技、宣传、教育等非工程措施。单一重视工程措施或过分强调非工程措施都不是科学的态度，要使工程措施与非工程措施和谐发展，共同支撑水生态文明建设。

（7）基础研究、应用技术、软科学研究应和谐发展。水生态文明建设是一项目庞大而复杂的系统工程，可能是今后一定时期内水利工作的奋斗目标和工作重点。面对新时期水利改革发展和生态文明建设的需求，需要解决一些新的基础科学问题，比如，生态文明建设的关键影响因素及评价指标体系，人水关系的和谐论调控研究，水与可持续发展关系研究，水资源与经济社会协调发展理论及量化研究方法、管理模型、方案制定，水资源保护理论方法，河湖健康理论方法等。同时，也要解决适应生态文明建设的一些应用技术，比如，农业节水新技术，工业节水新工艺，非常规水利用技术，污水处理新技术，水资源优化调控技术，水生态系统保护与修复技术等。此外，基于新的理念也急需要开展一些有关软科学研究，比如，水生态补偿机制，水价制定与水市场运行方式，水资源管理责任和考核制度，最严格水资源管理制度技术标准体系、行政管理体系和法律法规体系，经济社会发展与水资源水环境承载能力和谐发展理论等。因此，针对这样一个系统工程，需要加强多方面的研究，使基础研究、应用技术、软科学研究和谐发展，共同支撑水生态文明建设。

2. 流域水生态安全现状不容乐观

随着我国社会经济的快速发展，水生态安全面临着来自人口增长、城市化、污染和气候变化等多方面的严重压力，水生态安全面临的形势十分严峻。水资源管理是否科学合理，事关我国经济社会发展全局，不仅关系到防洪安全、供水安全、粮食安全，而且关系到经济安全、生态安全、国家安全。党的十九大报告描绘出了新时代我国生态文明建设的宏伟蓝图和实现美丽中国的战略路径，要求到 2035 年基本实现美丽中国目标，对生态文明建设和环境保护提出一系列新目标、新部署、新要求，推进绿色发展、着力解决突出环境问题、加大生态系统保护力度、改革生态环境监管体制等，这对我国水生态安全建设提出了更高要求。

我国水生态安全建设虽取得了一定的成就，但总体状况仍不容乐观，水资源短缺、水资源过度开发利用、水质污染与用水浪费、水资源管理方式不合理、水资源制度不完善等情况并存。

一是水资源匮乏，水质污染严重。从水资源量方面来看，我国面临严重的资源型缺水。水资源总量不足且人均水资源量严重不足，水资源时空分布不均，可利用的淡水资源有限，加上水资源浪费、污染以及气候变暖、降水减少等原因，加剧了水资源短缺的危机。按照国际公认的标准，人均水资源低于3000m³为轻度缺水，低于2000m³为中度缺水，低于1000m³为重度缺水，低于500m³为极度缺水。2016年全国人均水资源量为2354.92m³，人均综合用水量438m³，因此我国总体属于轻度到中度缺水，人均水资源及淡水资源量严重缺乏。

二是对水资源过度开发利用。随着社会的发展，工业化、城镇化进程加快，人类生产和生活用水量剧增，随着人口的增长和人民生活水平的提高，对水资源供应造成的压力日益加大，年用水量整体呈现递增趋势。2016年全国城镇人均生活用水量（含公共用水）0.22m³/d，农村居民人均生活用水量0.086m³/d。人均水资源量低，水质污染严重，可饮用水资源量极为有限。2016年我国Ⅳ类、Ⅴ类及劣Ⅴ类水体在地表水、湖泊、水库、省界断面水质中占比分别高达32.3％、76.3％、12.5％、32.9％。而流域地下水水质监测井中2104个测站监测数据显示，地下水质量较差和极差的测站比例高达77.3％，近海不同海域污染差异大，部分区域污染依然严重。

三是生物多样性面临挑战。大量的水利工程建设带来了巨大的经济效益，也带来了对生物多样性的巨大挑战。如大坝的建设会影响附近野生动物的栖息地和觅食地，大坝的水位提升，导致部分鱼类的繁殖环境丧失。除此之外，水库淹没区与浸没区还会导致原有植被的死亡，库区周围农田、森林和草原的营养物质随降雨流入水体，改变水质，对水生物产生影响。同时，水质污染、富营养化亦会导致水生态系统失衡，会导致蓝藻肆虐，使水体溶解氧量下降，从而引发鱼类以及其他生物死亡，会极大影响部分区域水产养殖业的发展，造成巨大的生态和经济损失。

四是水治理基础设施依然薄弱。我国城市污水集中处理率虽然逐年提高，由2006年的43.06％上升为2015年的88％，而农村、乡镇污水、垃圾处理却由于基础设施建设严重滞后而极少进行集中处理规划，其污水直排、垃圾乱堆等问题十分普遍。2016年全国节水设施投资29.5亿元，比2011—2015年的5年平均投资额增长了21.46％，但城镇管网漏损率仍居高不下，2011—2015各年全国城镇管网漏损率均接近13％。现代城市依旧缺乏完善的应对暴雨洪灾的系统，部分地区偶降暴雨仍将威胁人民生命财产安全，造成巨大经济损失。全国农业节水规模化发展程度不高，高效节水灌溉率较低，2012—2015年平均全国节水灌溉面积占耕地面积为22.83％。部分工业行业的生产工艺和关键环节依然用水浪费现象严重，万元工业增加值用水量依然较高。城镇化是我国现代社会发展的重要趋势，同时也使水资源消耗逐渐向大城市集中，导致其供水缺口加大、卫生条件恶化，从而引起水资源区域布局的巨大变化。几十年的调水实践中，各城市虽解决了一些水问题，但各调水城市的生态环境也付出了沉重代价，并且由于缺乏调水补偿机制的统一性、规范性，也遗留了不少待解决的问题。部分区域管理不严，导致围湖占湖、拦坝筑堤、侵占岸线、毁坏湿地、违法填海等水生态、水环境破坏问题频发。工业污染问题仍然较为突出，一些工业园区成了污染排放集中区，许多地方"散乱污"企业量大面广、污染严重。

3. 流域水生态安全制度不够完善

我国许多法律与水生态安全相关，但不同的法律侧重不同，因此存在职责不明确、监管手段少、已有法规执行难度大、相关措施落实不到位等问题。水管理部门较多，存在职责分工不明、管理效果差、信息资源不共享、资源浪费严重等问题。如目前环保部和水利部各自在水资源监测方面拥有不同的体系，虽然两部门分别在监测和管理及信息公开方面均尽职尽责，但依旧无法解决水资源管理困境。同时，在流域水生态安全领域，社会公众参与制度不健全，公众参与积极性不高。政府信息公开制度并未完善，水生态安全信息公开非常有限，公众的监督受到极大限制。公众对水生态安全方面的法律了解有限，不能依法维护自己的合法权益。由于我国在公众参与水生态安全监督缺乏激励机制，导致公众可能对某些不合理行为视而不见。社会公众发现水生态安全问题，其监督行为会受到权力等因素的制约，不愿或不敢检举，或者因没有合适的渠道检举而放弃。现行的河长制、湖长制具有政府单边治理的色彩，企业和第三方的参与度较低。应注意建立激励以长效的市场机制。同时河长制治理河流的方式全局思维不强，可能导致治理效果不明显。

综上，在流域水生态安全建设实践中，可以从以下四个方面重点推进。

一是强化推进节水技术及基础设施建设。以绿色发展为目标，严格供水及用水管理，推动不同行业节水生产。农业生产节水潜力巨大，应大力推广节水技术，提高我国农业用水效率。工业节水可以通过产业升级、提高水生产效率或减少工业用水量来实现。如通过更新用水设备、改进生产工艺以提高水生产效率；通过推广节水器具、提高工业用水重复率以减少工业用水量。服务业节水可以通过严格限制高耗水服务业用水来实现，对洗浴、洗车等行业实行特种用水价格，并对其进行严格监督。城市节水可以提高城市水资源承载力，降低水资源缺口。对于城镇生活节水，可以开展绿色建筑行动，面积超过一定规模的新建住房和公共建筑应当安装中水设施，老旧住房也应逐步更新老旧设备，实施中水利用改造，鼓励并引导居民小区将中水用于冲厕、小区绿化等。推进城镇供水管网改造，加快对使用年限超过50年、材质落后和受损失修的供水管网进行更新改造，减少供水管网"跑冒滴漏"和"爆管"等情况的发生。完善供水管网检漏制度，设立检漏监控系统，加强漏损控制管理，到2035年将全国城市公共供水管网漏损率控制在7%以内。改善城市排水系统，提高城市预防洪灾的能力。强制普及家庭节水器具，严格检查新建用水设施，做到达到标准才可使用，强化累进制水价制度。严格管理饮用水安全。确立饮用水安全的相关法律来保障饮用水安全，并强制全面公开饮用水安全的相关信息，实施从水源到使用的全过程监管，设置网络互动平台，有效利用社会舆论进行监督，倒逼企业的加强责任感，确保饮用水安全。严格控制地下水开采利用。农村受经济交通等各方面的限制，打井取水已成为普遍现象，且在许多城市和工矿区在缺水后也会过度开采地下水，地下水过度开采会导致地面沉降，威胁民众生存环境和财产安全。此外还要严格控制地下水污染源，从农业面源污染、工业污染源等源头控制污染源，以控制地下水污染。地下水污染具有不可逆性，治理难度极大，且其是许多城市以及广大农村地区的饮用水水源。对近海海域水质较差的区域进行集中治理，严格控制附近入海口水质。尤其是Ⅳ类海水和劣Ⅳ类海水主要集中的上海、浙江、深圳等区域。

二是完善水生态制度体系建设。加强水生态安全管理，完善水生态安全制度体系建设。要理顺水资源管理机制，建立统一完善的水资源综合管理体系。水资源管理不能依附于各部门，应该在统一框架下实现管理，明确追责主体，以实现互相监督。需有效衔接排污许可与总量、环境保护税、排污权交易、环境统计等制度衔接，并且完善水生态安全信息化平台建设工作。需强制要求各类排污企业披露关于水生态安全方面的信息，积极开展全国水生态安全信息平台与其他环境保护、水资源管理平台横向和纵向对接，大幅提高环境监管、决策信息化水平。加强社会公众参与机制建设，为社会公众提供举报平台，并进行宣传，同时需在各相关水资源管理部门引入不同用水主体的代表为水决策提供参考意见或参与水决策。在大力建设生态文明的新时代，应将水文化建设提上日程，水文化建设需要建立相应的理论体系，并向大众进行普及，建议从小进行水资源使用教育，将日常用水优良习惯印制成册作为小学必修课教材，并加强学校水资源管理，将理论与实际行动相结合。

三是完善水生态安全评价指标体系。进一步完善水生态安全评价体系，该评价体系的特征是能够体现水量安全、水质安全、社会安全及自然安全多方面的综合指标体系。其中水量安全包括水资源总量、水资源利用水平、农业水资源利用、工业水资源利用、城镇生活用水资源利用，其指标包括利用量与利用效率等。水质安全包括饮用水质量，江河湖泊、近岸海域等地表水质量，地下水质量，水污染治理。其指标包括一些重要污染物（如化学需氧量排放量、氨氮排放量、五日生化需氧量排放量等）治理指标，以及环境治理投入力度指标等。社会安全包括社会公众对水生态治理工作满意度，重点反映公众对水生态环境质量的满意程度。自然安全主要包括流域生物多样性指标等。基于科学合理的评价体系，建立水生态安全监测预警系统，以保证我国社会、经济、自然全面可持续发展。

四是完善生态补偿相关制度。建立市场化、多元化生态补偿机制。补偿范围从单一领域补偿延伸至综合补偿，补偿尺度从省内补偿扩展到跨省补偿，补偿方式从资金补偿转变为多元化补偿。扩大补偿资金使用范围，增加对企业、渔民、林农、生态移民等生态保护者补偿，解决部分生态移民、环境质量维护和监管日常运营资金的问题。深化河长制、湖长制机制建设。完善市场机制，建立河长制的长效机制，使各区域的河长转变为利益相关者的企业或者居民群体代表，各区域河长可以通过水资源信息平台实时查询自己管辖的区域的水质情况，若发现水问题即可进行谈判交易，以维持水源地绿色发展，保护水源安全。随着新安江流域水环境补偿试点的完成，未来应继续完善和加强制度顶层设计，健全补偿长效机制。推进生态补偿制度与损害赔偿制度相结合，促进生态补偿制度的完善发展。将生态补偿机制作为我国流域综合治理的重要手段，推进森林、草原、湿地、耕地等其他领域的生态保护补偿机制。对于多项水环境管理制度交叉、重复问题，应明确执行主体及追责主体，并制定相应的激励及惩罚政策，以调动管理积极性，降低寻租可能性。在不同部门中引入高素质的利益相关者代表，进行辅助决策并监督，代表的行为受广大群众监督。

水生态安全战略是长期的，支撑着中国经济社会可持续发展及健康，是应对我国水危机、保障水安全的必经之路，水生态安全建设不可能一蹴而就，新时代下我国仍然面临着许多待发现和待解决的水生态安全难题，要解决这些问题，不仅依靠科技创新，还要依靠水管理的体制与制度创新，这样才能实现"美丽中国"建设的目标。

8.2　流域水生态安全评价研究展望

1. 长江法、黄河法的颁布实施将有效推动流域水生态安全评价相关研究

长江流域在我国经济社会发展中的战略地位十分突出。长江经济带沿江流域的水环境

状况仍十分严峻，水环境质量和水生态破坏等问题尚未从根本上解决，迫切需要制定专门的长江法，统一规范长江流域的经济活动、管理活动，调整长江流域开发、利用、保护和污染防治活动中产生的各种社会关系，以保证长江本身的可持续发展并满足流域经济、社会可持续发展的需要。党的十八大以来，以习近平同志为总书记的党中央，从战略和全局高度，对保障国家水安全做出一系列重大决策部署，明确提出"节水优先、空间均衡、系统治理、两手发力"的治水思路。党的十八届四中全会明确提出"加强重点领域立法""用严格的法律制度保护生态环境"。当前，长江流域管理法规尚不健全，已有社会法律法规存在操作性不强、衔接不够的问题。面对长江经济带发展新形势和新要求，流域管理体系仍存在一些薄弱环节，涉水管理体制机制亟待创新，执法监督亟待加强，流域管理手段亟待优化提升。开展长江流域立法，对于强化长江水治理、保障水安全具有重要意义。长江流域在全国经济社会发展中具有举足轻重的地位。开展长江流域立法，有助于促进流域开发保护中的薄弱环节建设，为解决长江流域突出水安全问题提供支持和保障。长江流域立法具有涉及省级行政区多、流域面积大、生态环境保护要求高、跨部门跨地区协调任务重等特点。因此，必须高度重视长江的水资源保护和水污染防治工作，积极推动国务院相关部门加大现有法律法规的实施力度，加大对环境违法的监管力度。

全面推动黄河流域生态保护和高质量发展关键期，我们要全面准确把握会议精神实质，深入学习贯彻党的二十大精神，学深悟透习近平总书记重要讲话精神，沿着习近平总书记擘画的治水科学路径，实化细化水资源节约与保护工作，推进水资源节约集约利用、全面打响黄河流域深度节水控水攻坚战、推进河湖生态复苏向好，为全力推动黄河流域生态保护和高质量发展奠定基础。一是全面贯彻落实《中华人民共和国黄河保护法》用水定额管理制度，协同推进高耗水工业和服务业强制性用水定额管理，强化用水定额约束作用，指导省（自治区）建立健全用水定额体系。贯彻落实《中华人民共和国黄河保护法》饮用水水源地名录管理要求，持续开展黄河流域全国重要饮用水水源地安全评估工作，配合水利部制定黄河流域重要饮用水水源地名录。二是多措并举，打好黄河流域深度节水控水攻坚战。深入开展西北6省（自治区）县域节水型社会达标建设复核，完成阶段性建设目标，协同推进黄河流域节水型高校建设。严把节水评价关，规划和建设项目节水评价审查做到应评尽评，完善工作程序，建立节水评价登记制度。落实《黄委关于进一步加强计划用水管理工作的意见》，督促流域省（自治区）加强计划用水日常监管。探索开展用水审计，督促高耗水行业提高用水效率。立体式开展宣传教育，全方位开展科学普及，在全河营造亲水、惜水、节水的良好氛围。三是协同发力，推进水资源保护做实做深。加快推进新一轮超采区划定工作，督促各省（自治区）继续修改完善地下水超采区划分成果，做好成果复核工作。加强推进鄂尔多斯台地等重点区域地下水超采综合治理的督导工作。密切关注流域水环境状况，认真组织做好水质监测评价工作，将水质评价结果通报流域省（自治区）水利厅，督促地方省（自治区）强化水资源保护。

因此，长江保护法、黄河保护法的颁布实施，将有效推动流域治理向系统综合治理方向推进，也必将推动流域水生态安全评价相关研究。

2. 环境损害评估对流域水生态安全评价的现实需求

伴随着经济的快速发展，近年来，我国环境污染事件频繁发生，随之引发的环境损害问题日益严重。如何处置这些环境污染事件并对其引发的环境损害进行评价与赔偿责任建立，已成为我国亟待解决的突出问题。通过大量有关文献调研和资料收集，在比较分析和总结提炼的基础上，当前已经有相关研究提出了一些适合我国需要由清除和恢复（环境损害恢复）两部分构成的突发性水环境污染事件的处置流程框架。针对我国研究目前处于空白的环境损害恢复环节，构建了以"因果关系判定""损害定量化"以及"损害恢复与货币化"三大关键技术环节为支撑的环境损害评估体系。对"因果关系判定"环节，给出了"污染源和污染物质识别""损害确认""暴露途径""污染物质与损害结果的关联性证明"四个技术要素的确定方法；对"损害定量化"环节，围绕"空间边界""时间边界"的基线确定原则与方法；对"环境损害恢复与货币化"环节，建立了由"基本恢复"和"补偿恢复"组成，以"以恢复方案式评估方法为主，经济评估方法为辅"的货币化体系。所建立的环境损害评估方法，可对我国污染损害的评估鉴定与管理提供技术支持。针对我国频繁发生的小型突发性水环境污染事件问题，构建计算机支持的环境损害评估等相关模型，并结合我国的实际案例进行验证和应用研究，这具有非常重要的现实意义。此类研究能够对我国有关环境损害赔偿、环境保险等政策建立具有技术支持作用。

因此，随着近年来社会各界对生态环境保护的高度重视，长江法、黄河法的相继颁布实施，流域横向生态补偿机制不断发展完善，环境法领域对环境损害评估方面的研究也在不断深入，其相关研究对流域水生态安全评价方面存在重要的技术依赖。

3. 环境标准的制定需要开展流域水生态安全评价

流域水生态安全评价作为一种决策工具，旨在保障流域安全，为保护水生态环境相关立法提供科学依据，但目前全国还没有一个相对统一的流域水生态安全评价标准。环境标准是为了保护人群健康，防治环境污染，促使生态良性循环，合理利用资源，促进经济发展，依据环境保护法和有关政策，对有关环境的各项工作所做的规定。

按照我国环境标准管理办法，我国的环境标准分三类：环境质量标准、污染物排放标准和环境保护基础和方法标准。为贯彻《中华人民共和国环境保护法》《中华人民共和国水污染防治法》和《中华人民共和国海洋环境保护法》，控制水污染，保护江河、湖泊、运河、渠道、水库和海洋等地面水以及地下水水质的良好状态，保障人体健康，维护生态平衡，促进国民经济和城乡建设的发展，特制定了水环境方面的污水综合排放标准。分年限规定了69种水污染物最高允许排放浓度及部分行业最高允许排水量。本标准适用于现有单位水污染物的排放管理，以及建设项目的环境影响评价、建设项目环境保护设施设计、竣工验收及其投产后的排放管理。该标准规定了生活饮用水水质卫生要求、生活饮用水水源水质卫生要求、集中供水单位卫生要求、二次供水卫生要求、涉及生活饮用水卫生安全产品卫生要注意水质监测和检验方法。本标准适用于城乡各类集中式供水的生活饮用水，也适用于分散式供水的生活饮用水。

综上，环境标准的制定牵扯到方方面面，目前污染控制层面已经有了较为成熟的标准，但在流域综合治理和高质量发展背景下，该标准已显得过于简略，下一步，随着流域水生态安全评价方面研究的深入，随着更多能够较为科学合理评估流域水生态安全的指标引入其中，环境标准体系会更加丰富完善，必将进一步推动环境标准体系建设的发展。

参 考 文 献

[1]   王学东，王殿武，李贵宝，等.国内外水资源状况及存在的问题与对策 [J].河北农业大学学
       报，2003，26 (z1)：238-241.
[2]   刘湘，段建军，陆峰，等.塔里木河流域适应气候变化和人类活动的应对措施 [J].冰川冻土，
       2010，32 (4)：740-748.
[3]   曾祥裕，张春燕.印度应对水危机的政策措施评析 [J].南亚研究季刊，2015 (2)：5-6，
       90-99.
[4]   邢继军.南非开普敦遭遇严重水危机 [J].生态经济，2018，34 (5)：2-5.
[5]   环境.咸海的变化是 20 世纪最惨痛的生态灾难之一 [J].污染防治技术，2011 (4)：82-82.
[6]   张红兵，韩霜.基于绿色发展理念的农业生态补偿机制研究 [J].统计与管理，2019 (4)：
       81-83.
[7]   水利部关于加快推进水生态文明建设工作的意见（水资源〔2013〕2 号）[Z].水利部，2013.
[8]   康尔泗，李新，张济世，等.甘肃河西地区内陆河流域荒漠化的水资源问题 [J].冰川冻土，
       2004 (6)：657-667.
[9]   常兆丰，刘虎俊.甘肃省河西内陆河流域荒漠化综合防治（Ⅰ）[J].防护林科技，2003 (1)：
       19-23.
[10]   吕甲武.拯救民勤湖区 [J].国土绿化，2003 (5)：30-30.
[11]   杨振，牛叔文，常慧丽，等.虚拟水战略：拯救民勤绿洲的新思路 [J].中国人口.资源与环
       境，2004，6：64-68.
[12]   王耕，高香玲，高红娟，等.基于灾害视角的区域生态安全评价机理与方法——以辽河流域为
       例 [J].生态学报，2010，30 (13)：3511-3525.
[13]   曲洋样，吕儒云，杨剑锋，等.基于 PSR 和 G (1，1) 模型的株洲市水生态安全评价研究 [J].
       水利规划与设计，2020 (12)：69-72，113.
[14]   段文秀，朱广伟，刘俊杰，等.水源地型水库水生态安全评价方法探索 [J].中国环境科学，
       2020，40 (9)：4135-4145.
[15]   高翠红.新疆塔里木河干流水生态安全与对策研究 [J].珠江水运，2020 (15)：19-21.
[16]   夏海力，叶爱山.水生态安全下中国区域创新系统效率时空分异与影响因素研究 [J].科技进步
       与对策，2020，37 (15)：36-43.
[17]   李涛，石磊，马中.中国点源水污染物排放控制政策初步评估研究 [J].干旱区资源与环境，
       2020，34 (5)：1-8.
[18]   Karelitz S. The significance of the conditions of exposure in the study of measles prophylaxis：An
       added criterion in the evaluation of measles prophylactic agents [J].The Journal of Pediatrics,
       1938，13 (2)：195-207.
[19]   黎秋杉，卡比力江·吾买尔，小出治.基于水基底识别的水生态安全格局研究——以都江堰市
       为例 [J].地理信息世界，2019，26 (6)：14-20.
[20]   袁君梦，吴凡.基于 GIS 的秦淮河流域水生态安全格局探讨 [J].浙江农业科学，2019，60
       (12)：2291-2294，2356.
[21]   柯坚，王敏.论《长江保护法》立法目的之创设——以水安全价值为切入点 [J].华中师范大学

学报（人文社会科学版），2019，58（6）：87-94.

[22] 代稳，张美竹，秦趣，等．基于生态足迹模型的水资源生态安全评价研究［J］．环境科学与技术，2013，36（12）：228-233.

[23] 李博，甘恬静．基于 ArcGIS 与 GAP 分析的长株潭城市群水安全格局构建［J］．水资源保护，2019，35（4）：80-88.

[24] 曲格平．关注生态安全之一：生态环境问题已经成为国家安全的热门话题［J］．环境保护，2002，（5）：3-5.

[25] 张文鸽．黄河干流水生态系统健康指标体系研究［D］．西安：西安理工大学，2008.

[26] 张艳丽．民勤县生态安全综合评价研究［D］．北京：北京林业大学，2011.

[27] Gang-Fu Song. Evaluation on water resources and water ecological security with 2-tuple linguistic information［J］. International Journal of Knowledge-based and Intelligent Engineering Systems，2019，23（1）：1-8.

[28] 万生新，王悦泰．基于 DPSIR 模型的沂河流域水生态安全评价方法［J］．山东农业大学学报（自然科学版），2019，50（3）：502-508.

[29] 李建国，李建章．内蒙古构建祖国北疆水生态安全屏障［J］．中国水利，2018（24）：126-129.

[30] 郑炜．基于改进灰靶模型的广州市水生态安全评价［J］．华北水利水电大学学报（自然科学版），2018，39（6）：72-77.

[31] 丁绪辉，高素惠，贺菊花．区域创新系统效率时空分异及驱动因素研究——基于水生态安全视角［J］．华东经济管理，2019，33（1）：74-79.

[32] 杨航．新时代我国水生态安全问题浅析［J］．科技视界，2018（35）：93-94.

[33] 田莉娟．南四湖流域城镇扩展的时空演变及其模式优化［D］．徐州：中国矿业大学，2018.

[34] 王淼．徐州市水生态安全格局构建［D］．徐州：中国矿业大学，2018.

[35] 方兰，李军．论我国水生态安全及治理［J］．环境保护，2018，46（Z1）：32-36.

[36] 郭庆斌．湘江长沙综合枢纽库区水生态安全情景模拟及方案选优［D］．长沙：湖南师范大学，2018.

[37] 齐奇．基于 PSR 模型和层次分析——熵权法的水生态安全评价研究［J］．水利发展研究，2017，17（10）：57-61.

[38] 黄文琳，王鹏，杜温鑫，等．基于 DPSIR 模型与集对分析法的三峡库区水生态安全评价［J］．中国市场，2017（14）：33-35.

[39] 宋旭，孙士宇，张伟，等．"水污染防治行动计划"实施背景下我国水环境管理优化对策研究［J］．环境保护科学，2017，43（2）：51-57.

[40] 王亚平，范世香，高雁，等．基于区域水生态安全的水量干涉限探讨［J］．水资源与水工程学报，2016，27（6）：67-71，78.

[41] 张义．水生态安全初论［J］．水利发展研究，2017，17（1）：27-31.

[42] 张远，高欣，林佳宁，等．流域水生态安全评估方法［J］．环境科学研究，2016，29（10）：1393-1399.

[43] 林佳宁，高欣，贾晓波，等．基于 PSFR 评估框架的太子河流域水生态安全评估［J］．环境科学研究，2016，29（10）：1440-1450.

[44] 刘昌明，王恺文．城镇水生态文明建设低影响发展模式与对策探讨［J］．中国水利，2016（19）：1-4.

[45] 张凤太，苏维词．基于均方差-TOPSIS 模型的贵州水生态安全评价研究［J］．灌溉排水学报，2016，35（9）：88-92，103.

[46] 戴文渊．基于模糊综合评价的甘肃地区水生态安全评价指标体系研究［D］．兰州：甘肃农业大学，2016.

[47]　戴文渊，张芮，成自勇，等. 基于模糊综合评价的兰州市水生态安全指标体系研究 [J]. 干旱区研究，2015，32（4）：804－809.

[48]　戴文渊，张芮，成自勇，等. 基于模糊系统分析的河西地区酿酒葡萄梅鹿辄的品质评价 [J]. 浙江农业学报，2015，27（9）：1659－1663.

[49]　戴文渊，陈年来，李金霞，等. 河西内陆河流域水生态安全评价研究 [J]. 干旱区地理，2021，44（1）：89－98.

[50]　秦晓楠. 旅游城市生态安全系统评价研究 [D]. 大连：大连理工大学，2015.

[51]　戴文渊，张芮，成自勇，等. 基于模糊系统分析的水生态安全评价研究——以北方四城市为例 [J]. 水利水电技术，2015，46（9）：23－26，44.

[52]　戴文渊，张芮，成自勇，等. 白银市水生态安全评价研究 [J]. 水利水运工程学报，2015，（4）：92－97.

[53]　霍守亮，张含笑，金小伟，等. 我国水生态环境安全保障对策研究 [J]. 中国工程科学，2022，24（5）：1－7.

[54]　胡双庆，尹大强，陈良燕. 吡虫清等4种新农药的水生态安全性评价 [J]. 农村生态环境，2002（4）：23－26，34.

[55]　游文苏，丁惠君，许新发. 鄱阳湖水生态安全现状评价与趋势研究 [J]. 长江流域资源与环境，2009，18（12）：1173－1180.

[56]　陈华伟，黄继文，张欣，等. 基于 DPSIR 概念框架的水生态安全动态评价 [J]. 人民黄河，2013，35（9）：34－37＋45.

[57]　张晓岚，刘昌明，门宝辉，等. 漳卫南运河流域水生态安全指标体系构建及评价 [J]. 北京师范大学学报（自然科学版），2013，49（6）：626－630.

[58]　杨斌，张飞，王雪，等. 生态环境损害评估理论研究综述 [C] //中国环境科学学会环境工程分会. 中国环境科学学会 2021 年科学技术年会——环境工程技术创新与应用分会场论文集（一）.《工业建筑》杂志社有限公司，2021：369－372，390.

[59]　Chen Huawei，Gao Xue，Liu Jian，et al. Study on Water Ecological Security Evaluation Model Based on Multivariate Connection Number and Markov Chain [J]. Advanced Materials Research，2013，726－731：4000－4007.

[60]　Xu Wenjie，Chen Weiguo，Zhang Xiaoping，et al. Study on Urban Water Ecological Security Assessment [J]. Applied Mechanics and Materials，2013，295：829－832.

[61]　Philippe Bergeron，温慧娜，夏朋. 中国水生态安全战略分析——欧洲视角 [J]. 人民黄河，2012，34（10）：14－15.

[62]　Moscuzza C，Volpedo A V，Ojeda C，et al. WATER QUALITY INDEX AS A TOOL FOR RIVER ASSESSMENT IN AGRICULTURAL AREAS IN THE PAMPEAN PLAINS OF ARGENTINA [J]. Journal of Urban and Environmental Engineering，2007，1（1）：18－25.

[63]　Wu Zhaoshi，Cai Yongjiu，Liu Xia，et al. Temporal and spatial variability of phytoplankton in Lake Poyang：The largest freshwater lake in China [J]. Journal of Great Lakes Research，2013.

[64]　Sundaray S K，Panda U C，Nayak B B，et al. Multivariate statistical techniques for the evaluation of spatial and temporal variations in water quality of the Mahanadi river-estuarine system (India)—a case study. [J]. Environ Geochem Health，2006，28（4）：317－330.

[65]　Wan Rongrong，Yang Guishan，Daixue，et al. Water Security-based Hydrological Regime Assessment Method for Lakes with Extreme Seasonal Water Level Fluctuations：A Case Study of Poyang Lake，China [J]. 中国地理科学：英文版，2018，028（3）：456－469.

[66]　Dong Q J，Liu X. Risk assessment of water security in Haihe River Basin during drought periods based on D－S evidence theory [J]. Water Science and Engineering，2014（7）：132.

[67] Wang Jianhua, Xiao Weihua, Wang Hao, et al. Integrated simulation and assessment of water quantity and quality for a river under changing environmental conditions [J]. Chinese Science Bulletin, 2013, 58 (27): 3340 – 3347.

[68] Norman E S, Dunn G, Bakker K, et al. Water Security Assessment: Integrating Governance and Freshwater Indicators [J]. Water Resources Management, 2013, 27 (2): 535 – 551.

[69] Holmatov B, Lautze J, Manthrithilake H, et al. Water security for productive economies: Applying an assessment framework in southern Africa [J]. Physics and Chemistry of the Earth, Parts A/B/C, 2017 (100): 100.

[70] Kelly E R, Cronk R, Kumpel E, et al. How we assess water safety: A critical review of sanitary inspection and water quality analysis [J]. Science of The Total Environment, 2020, 718: 137 – 237.

[71] Wang X, Xu X. Thermal Conductivity of Nanoparticle – Fluid Mixture [J]. Journal of Thermophysics & Heat Transfer, 2012, 13 (13): 474 – 480.

[72] 商震霖. 许昌市水生态安全评价与调控对策研究 [D]. 郑州: 华北水利水电大学, 2019.

[73] 李佩武, 李贵才, 张金花, et al. Ecological Security Assessment and Prediction for Shenzhen [J]. PROGRESS IN GEOGRAPHY, 2009, 28 (2): 245 – 252.

[74] Gong JZ, Liu YS, Xia BC, et al. Urban ecological security assessment and forecasting, based on a cellular automata model: A case study of Guangzhou, China [J]. Ecological Modelling, 2009, 220 (24): 3612 – 3620.

[75] Huang Q, Wang R, Ren Z, et al. Regional ecological security assessment based on long periods of ecological footprint analysis [J]. Resources, Conservation and Recycling, 2007, 51 (1): 24 – 41.

[76] Hua YE, Yan MA, Limin D. Land Ecological Security Assessment for Bai Autonomous Prefecture of Dali Based Using PSR Model – with Data in 2009 as Case [J]. Energy Procedia, 2011, 5 (none): 2172 – 2177.

[77] Genxu W, Guodong C, Ju Q, et al. Several problems in ecological security assessment research 生态安全评价研究中的若干问题 [J]. 应用生态学报, 2003, 14 (9): 1551 – 1556.

[78] Yu Xiaofeng, Peng Peng, Xiao Lihong. Assessment Ecological Security on Urban Changde Atmospheric Environment [M]. Bowen Publishing Company Ltd, 2023.

[79] Assessment on the Ecological Security of Three Parallel Rivers of Yunnan [C] //中科院中国遥感卫星地面站, 2006.

[80] Wang Geng, Nie Baochi, Wang Lin, et al. Research on Methods of Ecological Security Assessment of the Middle and Lower Reaches of Liaohe River Based on GIS [J]. 中国人口·资源与环境 (英文), 2005, 3 (4): 18 – 23.

[81] Lu Jinfa, You Lianyuan, Chen Hao, 等. Assessment of Ecological Security and Adjustment of Land Use in Xilinhaote City of Inner – Mongolia 内蒙古锡林浩特市生态安全评价与土地利用调整 [J]. 资源科学, 2004, 26 (2): 108 – 114.

[82] Shen Y, Cao H, Tang M, et al. The Human Threat to River Ecosystems at the Watershed Scale: An Ecological Security Assessment of the Songhua River Basin, Northeast China [J]. Water, 2017, 9 (3): 219.

[83] Zhang JS, Zhang Y, Zong XH, et al. Transient security assessment of the China Southern Power Grid considering induction motor loads [C] // Power India Conference. IEEE, 2006.

[84] 马克明, 傅伯杰, 黎晓亚, 等. 区域生态安全格局: 概念与理论基础 [J] 生态学报, 2004 (4): 761 – 768.

[85] 王根绪, 程国栋. 干旱内陆河流域景观生态的空间格局分析: 以黑河流中游为例 [J]. 兰州大学学报: 自然科学版, 1999, 35 (1): 211 – 217.

[86] 崔胜辉，洪华生，黄云凤，等．生态安全研究进展 [J]．生态学报，2005，(4)：861－868．

[87] 郭秀锐，毛显强，杨居荣．生态系统健康效果——费用分析方法在广州城市生态规划中的应用 [J]．中国人口资源与环境，2005 (5)：130－134．

[88] Li H，Wang S Q，Wang W X，et al. Three Parallel Rivers World Natural Heritage Hongshan District Ecological Security Assessment [J]．Advanced Materials Research，2013，610－613：673－676．

[89] 张晓岚，刘昌明，门宝辉，等．漳卫南运河流域水生态安全指标体系构建及评价 [J]．北京师范大学学报（自然科学版），2013，49 (6)：626－630．

[90] 张晓岚，刘昌明，赵长森，等．改进生态位理论用于水生态安全优先调控 [J]．环境科学研究，2014，27 (10)：1103－1109．

[91] 张琪．深圳水生态安全体系研究 [D]．北京：北京化工大学，2007．

[92] 李梦怡，邓铭江，凌红波，等．塔里木河下游水生态安全评价及驱动要素分析 [J]．干旱区研究，2020：1－10．

[93] 陈广，刘广龙，朱端卫，等．城镇化视角下三峡库区重庆段水生态安全评价 [J]．长江流域资源与环境，2015，24 (S1)：213－220．

[94] 陈广．基于 DPSIR 模型的三峡库区水生态安全评价 [D]．武汉：华中农业大学，2015．

[95] 彭斌，顾森，赵晓晨，等．广西河流水生态安全评价指标体系探究 [J]．中国水利，2016，789 (3)：60－63．

[96] 李万莲．沿淮城市水环境演变与水生态安全的研究 [D]．上海：华东师范大学，2005．

[97] 游文荪，丁惠君，许新发．鄱阳湖水生态安全现状评价与趋势研究 [J] 长江流域资源与环境，2009，18 (12)：1173－1180．

[98] 陈磊，吴悦菡，王培，等．基于风险的济南市水生态安全评价 [J]．水资源保护，2016，32 (1)：29－35．

[99] 魏冉，李法云，谯兴国，等．辽宁北部典型流域水生态功能区水生态安全评价 [J]．气象与环境学报，2014，30 (3)：106－112．

[100] 魏冉．辽宁省辽河流域水生态功能三级区水生态安全评价 [D]．沈阳：辽宁大学，2013．

[101] 郑炜．基于改进灰靶模型的广州市水生态安全评价 [J]．华北水利水电学院学报，2018，39 (6)：72－77．

[102] 王繁玮，陈星，朱琰，等．基于 PSR 的城市水生态安全评价体系研究——以"五水共治"治水模式下的临海市为例 [J]．水资源保护，2016，32 (2)：82－86．

[103] 黄昌硕，耿雷华，王立群，等．中国水资源及水生态安全评价 [J]．人民黄河，2010，3：14－16，140．

[104] Marttunen M，Mustajoki J，Sojamo S，et al. A Framework for Assessing Water Security and the Water－Energy－Food Nexus—The Case of Finland [J]．Sustainability，2019，11 (10)：2900．

[105] Jabari S，Shahrour I，El J. Assessment of the Urban Water Security in a Severe Water Stress Area－Application to Palestinian Cities [J]．Water，2020，12 (7)：2060．

[106] Aboelnga H T，Elnaser H，Ribbe L，et al. Assessing Water Security in Water－Scarce Cities：Applying the Integrated Urban Water Security Index (IUWSI) in Madaba，Jordan [J]．Water，2020，12 (5)：1299．

[107] Qin K，Liu J，Yan L，et al. Integrating ecosystem services flows into water security simulations in water scarce areas：Present and future [J]．Science of The Total Environment，2019，670：1037－1048．

[108] Jia X，Cai Y，Li C，et al. An improved method for integrated water security assessment in the Yellow River basin，China [J]．Stochastic Environmental Research and Risk Assessment，2015，29 (8)：2213－2227．

[109]　Zhang J Y, Wang L C. Assessment of water resource security in Chongqing City of China: What has been done and what remains to be done? [J]. Natural Hazards, 2015, 75 (3): 2751 - 2772.

[110]　李天霄, 付强, 孟凡香, 等. 三江平原年降水量 1959—2013 年演变趋势及突变分析 [J]. 中国农村水利水电, 2016 (9): 201 - 204.

[111]　李天霄, 付强, 彭胜民. 基于 DPSIR 模型的水土资源承载力评价 [J]. 东北农业大学学报, 2012, 43 (8): 128 - 134.

[112]　Nichols S J, Dyer F J. Contribution of national bioassessment approaches for assessing ecological water security: an AUSRIVAS case study [J]. 中国环境科学与工程前沿: 英文版, 2013, 7 (5): 669 - 687.

[113]　Tang Y, Zhao X, Jiao J. Ecological security assessment of Chaohu Lake Basin of China in the context of River Chief System reform [J]. Environmental Science and Pollution Research, 2020, 27 (3): 1 - 13.

[114]　Hong Q, Meng R, Wang R, et al. Regional aquatic ecological security assessment in Jinan, China [J]. Aquatic Ecosystem Health & Management, 2010, 13 (3): 319 - 327.

[115]　樊彦芳. 区域水生态与水环境安全机制的研究 [D]. 南京: 河海大学, 2005.

[116]　张琪. 深圳水生态安全体系研究 [D]. 北京: 北京化工大学, 2007.

[117]　高凡. 珠江三角洲地区城市水环境生态安全评价研究——以广州市为例 [R]. 中科院广州地化所, 2007.

[118]　徐国祥. 统计预测和决策 [M]. 上海: 上海财经大学出版社, 2008.

[119]　李洪波, 帅斌. 灰色-线性回归组合模型在预测中的应用 [J]. 陕西工学院学报, 2013, 19 (4): 50 - 61.

[120]　王江荣, 刘硕, 靳存程. 基于变权缓冲算子的灰色 G (1, 1) 模型在地铁能耗预测中的应用 [J]. 数学的实践与认识, 2020, 50 (7): 90 - 96.

[121]　哈建强, 王向飞. 基于 G (1, 1) 灰色预测模型的沧州市干旱年预测分析与对策建议 [J]. 河北水利, 2018 (9): 45, 47.

[122]　杨钰莹. 基于灰色 G (1, 1) 模型的张掖市旅游综合收入预测及影响因素分析 [J]. 知识经济, 2018 (5): 18 - 19.

[123]　刘哲思. 基于灰色 G (1, 1) 模型的经济学类考研英语分数线预测 [J]. 现代营销 (下旬刊), 2017 (3): 176.

[124]　王耕, 吴伟. 基于 GIS 的辽河流域水安全预警系统设计 [J]. 大连理工大学学报, 2007 (2): 24 - 28.

[125]　吴艳霞, 邓楠. 基于 RBF 神经网络模型的资源型城市生态安全预警——以榆林市为例 [J]. 生态经济, 2019, 35 (5): 111 - 118.

[126]　刘灵辉, 陈银蓉, 石伟伟. 基于模糊综合评价法的柳州市土地集约利用评价 [J]. 广东土地科学, 2007, 6 (3): 25 - 28.

[127]　李秀霞, 周也, 张婷婷. 基于 BP 神经网络的土地生态安全预警研究——以吉林省为例 [J]. 林业经济, 2017, 39 (3): 83 - 86.

[128]　陈英, 孔喆, 路正, 等. 基于 RBF 神经网络模型的土地生态安全预警——以甘肃省张掖市为例 [J]. 干旱地区农业研究, 2017, 35 (1): 264 - 270.

[129]　白俊跃, 许丽丽, 陈理洁, 等. 理论治理成本法在农田环境损害鉴定中的应用 [J]. 农业环境科学学报, 2023, 42 (12): 2794 - 2801.

[130]　李佩成. 绿洲及其开发与保护 [J]. 绿洲农业科学与工程, 2016 (1): 3 - 5.

[131]　李佩成. 试论人与自然和谐相处及再造西北山川秀美 [J]. 地球科学与环境学报, 2005, 27 (3): 1 - 4.

［132］ 李佩成. 发展地球科学, 推进人与自然和谐发展［J］西北地质, 2007, 40（1）：1-6.

［133］ 冯国章, 宋松柏, 李佩成. 水文系统复杂性的统计测度［J］. 水利学报, 1998, （11）：76.

［134］ 冯国章. 水事活动对区域水文生态系统的影响［M］. 北京：高等教育出版社, 2002.

［135］ 魏冉. 滇池流域典型城市河流水质及生态监测与治理效果评估［D］. 上海：上海交通大学, 2016.

［136］ 钦佩, 安树青, 颜京松. 生态工程学［M］. 南京：南京大学出版社, 2019.

［137］ 张光宇. 战略生态位管理的理论与实践［M］. 北京：科学出版社, 2015.

［138］ 何雪英. 从物种生态位到企业生态位的仿生研究［J］. 改革与战略, 2004（12）：100-102.

［139］ 王莎莎. 基于生态位理论城市旅游竞争力研究［D］. 武汉：华中师范大学, 2013.

［140］ Hooper H L, Connon R, Callaghan A, et al. The eocological niche of daphnia magna characterized using population growth rate［J］. Ecology, 2008, 89（4）：1015-1022.

［141］ 李辉. 生态安全评价理论体系研究与实例分析［D］. 沈阳：东北大学, 2004.

［142］ 张峰, 杨俊, 席建超, 等. 基于 DPSIRM 健康距离法的南四湖湖泊生态系统健康评价［J］. 资源科学, 2014, 36（4）：831-839.

［143］ 徐斌, 申恒伦, 胡长伟, 等. 基于 DPSIR 模型和改进的群组 AHP 法的岸堤水库水生态安全评价［J］. 人民珠江, 2018, 39（1）：40-43.

［144］ Xu F L, Jrgensen S E, Tao S. Ecological indicators for assessing freshwater ecosystem health［J］. Ecological Modelling, 1999, 166：77-106.

［145］ Angel B, Josefson A B, Alison M. An approach to the intercalibration of benthic-ecological status assessment in the north Atlantic eco-region, according to the European water framework directive［J］. Marine Pollution Bulletin, 2007, 55：42-52.

［146］ Lepisto L, Holopainen A L, Vuoristo H. Type-specific and indicator taxa of phytoplankton as a quality criterion for assessing the ecological status of Finnish boreal lakes［J］. Limnologica, 2004, 34：236-248.

［147］ 李佩成, 冯国章. 论干旱半干旱地区水资源可持续供给原则及节水型社会的建立［J］. 干旱地区农业研究, 1997, 15（2）：1-2.

［148］ 李佩成. 试论干旱［M］. 北京：科学出版社, 1985.

［149］ 严立冬, 岳德军, 孟慧君. 城市化进程中的水生态安全问题探讨［J］. 中国地质大学学报, 2007, 7（1）：57-62.

［150］ 尹文涛. 基于水生态安全影响的沿海低地城市岸线利用规划研究——以天津滨海新区为例［D］. 天津：天津大学, 2015.

［151］ 王增铮. 面向水生态安全遥感监测的虚拟地理环境平台研究.［D］. 南昌：江西师范大学, 2017.

［152］ 田丰收, 刘新平, 原伟鹏. 新疆和田地区耕地面源污染生态风险评价［J］. 干旱区地理, 2019, 42（2）：295-304.

［153］ 李梦娣, 范俊韬, 孔维静, 等. 河流山区段水生态安全评估——以太子河为例［J］. 应用生态学报, 2018, 29（8）：2685-2694.

［154］ 张满满, 于鲁冀, 张慧, 等. 基于 PSR 模型的河南省水生态安全综合评价研究［J］. 生态科学, 2017, 36（5）：49-54.

［155］ Romero J, Marthez-Crego B, Alcoverro T. A multivariate index based on the seagrass Posidonia oceanica（POMI）to assess ecological status of coastal waters under the water framework directive（WFD）［J］. Marine Pollution Bulletin, 2007, 55：196-204.

［156］ Simboura N, Reizopoulou S. A comparative approach of assessing ecological status in two coastal areas of eastern Mediterranean［J］. Ecological Indicators, 2007, 7：455-468.

[157] Chainho P，Costa J L，Chaves M L. Influence of seasonal variability in benthic invertebrate community structure on the use of biotic indices to assess the ecological status of a Portuguese estuary [J]. Marine Pollution Bulletin，2007，54：1586 – 1597.

[158] 王影. 生态安全的动态评价及多层次分析 [D]. 天津：天津大学，2015.

[159] 张小虎，雷国平，袁磊，等. 黑龙江省土地生态安全评价 [J]. 中国人口资源与环境，2009，11（1）：88 – 93.

[160] 陈伊多，杨庆媛，杨人豪，等. 基于熵权物元模型的土地生态安全评价——重庆市江津区实证 [J]. 干旱区地理，2018，41（1）：185 – 194.

[161] 戴文渊. 基于模糊综合评价的甘肃地区水生态安全评价指标体系研究 [D]. 兰州：甘肃农业大学，2016.

[162] 戴文渊，张芮，成自勇，等. 白银市水生态安全评价研究 [J]. 水利水运工程学报，2015（4）：92 – 97.

[163] 曹丽娟，张小平. 基于主成分分析的甘肃省水资源承载力评价 [J]. 干旱区地理，2017，40（4）：906 – 912.

[164] 靳春玲，贡力. 基于 PSR 模型的城市水安全评价研究 [J]. 安全与环境学报，2009（5）：104 – 108.

[165] 康绍忠. 西北旱区流域尺度水资源转化规律及其节水调控模式——以甘肃石羊河流域为例 [M]. 北京：中国水利水电出版社，2009.

[166] 陈东景，徐中民. 西北内陆河流域生态安全评价研究——以黑河流域中游张掖地区为例 [J]. 干旱区地理，2002，25（3）：219 – 224.

[167] 韩宇平，阮本清，解建仓. 多层次多目标模糊优选模型在水安全评价中的应用 [J]. 资源科学，2003，25（4）：37 – 42.

[168] 贡力，刘俊民. 应用模糊综合评价分析方法对兰州市水资源承载力评价研究 [J]. 城市道桥与防洪，2007（7）：147 – 150，205 – 206.

[169] 王超，王沛芳. 城市水生态系统建设与管理 [M]. 北京：科学出版社，2004.

[170] 张曰良. 济南市水生态文明建设实践与探索 [J]. 中国水利，2013（7）：66 – 68.

[171] 惠秀娟，杨涛，李法云，等. 辽宁省辽河水生态系统健康评价 [J]. 应用生态学报，2011，22（1）：181 – 188.

[172] 蓝庆新，彭一然，冯科. 城市生态文明建设评价指标体系构建及评价方法研究：基于北上广深四城市的实证分析 [J]. 财经问题研究，2013（9）：98 – 106.

[173] 张晓岗，刘昌明，赵长森，等. 改进生态位理论用于水生态安全优先调控 [J]. 环境科学研究，2014，27（10）：1103 – 1109.

[174] 贾绍凤，何希吾，夏军. 中国水资源安全问题及对策 [J]. 中国科学院院刊，2004，19（5）：347 – 351.

[175] 杜宇，刘俊昌. 生态文明建设评价指标体系研究 [J]. 科学管理研究，2009（3）：60 – 63.

[176] 丁志宏，谢国权，李恩宽. 基于 DFA 的长江上游径流演化标度特性研究 [J]. 水利水电技术，2012，43（11）：1 – 3.

[177] 周江梅，翁伯骑. 生态文明建设评价指标与其体系构建的探讨 [J]. 中国农村小康科技，2012，2（10）：19 – 25.

[178] 王伟. 生态城市评价指标体系及应用研究 [J]. 西北大学学报，2011，41（4）：715 – 718.

[179] 杜保存. 基于 RVA 法的河流生态需水量研究 [J]. 水利水电技术，2012，44（1）：27 – 30.

[180] 马凯. 坚定不移推进生态文明建设 [J]. 求是，2013（9）：3 – 9.

[181] 陈森，苏晓磊，黄慧敏，等. 三峡库区河流生境质量评价 [J]. 生态学报，2019，39（1）：192 – 201.

[182] 何彦龙，袁一鸣，王腾，等 . 基于 GIS 的长江口海域生态系统脆弱性综合评价 [J]. 生态学报，2019，39（11）：3918 - 3925.

[183] 李谢辉，李景宜 . 我国生态风险评价研究 [J]. 干旱区资源与环境，2008，22（3）：70 - 74.

[184] 吕蕊 . 基于水生态安全的武威市耕地保有量测算研究 [D]. 兰州：甘肃农业大学，2011.

[185] SULLIVAN C. Calculating a water poverty index [J]. World Development，2002，30（7）：1195 - 1210 .

[186] CHANG M Q，HUANG Q. The theory and method of water resources security [D]. Xi'an：Xi'an University of Technology，2006 .

[187] 吕蕊，陈英，张仁陟 . 基于水生态安全的武威市耕地保有量测算 [J]. 开发研究，2012，（1）：105 - 108 .

[188] 王世进，卢俊辉 . 论流域水生态安全的法律保障——以风险防范为视角 [J]. 萍乡高等专科学校学报，2012，29（1）：25 - 28 .

[189] 吴兆丹，赵敏，田泽，等 . 多区域投入产出分析下中国水足迹地区间比较——基于"总量-相关指标-结构"分析框架 [J]. 自然资源学报，2017，2（1）：76 - 87 .

[190] 方燕，党志良 . 基于层次分析法的渭河流域水环境质量综合评价 [J]. 水资源与水工程学报，2005，16（1）：45 - 48 .

[191] 赵振亚，赃宝雾，宋小园，等 . 基于层次分析和模糊数学法的公乌素土壤质量评价 [J]. 干旱区研究，2014，31（6）：1010 - 1016 .

[192] 霍雪丽，刘友存，鄢永红，等 . 基于 GPD 模型的黑河出山径流极值变化分析 [J]. 干旱区研究，2014，31（4）：672 - 681 .

[193] 郭永龙，武强，王焰新，等 . 中国的水安全及其对策探讨 [J]. 安全与环境工程，2004，11（1）：42 - 46 .

[194] 李现社，杜霞，耿雷华，等 . 中国水资源安全战略研究 [J]. 人民黄河，2008，30（5）：1 - 3 .

[195] 王小敏，赵军，王建华，等 . 基于农业生态区域模型的黑河流域土地资源承载力 [J]. 干旱区研究，2014，31（6）：991 - 997 .

[196] 畅明骑 . 水资源安全理论与方法研究 [D]. 西安：西安理工大学，2006 .

[197] 胡君春，郭纯青，曾成 . 近 50 年来石家庄市水资源与水环境的演化特征 [J]. 干旱区研究，2011，28（5）：761 - 767.

[198] 吴淼，张小云，王丽贤，等 . 吉尔吉斯斯坦水资源及其利用研究 [J]. 干旱区研究，2011，28（3）：455 - 462.

[199] 王玲玲，张斌 . 基于 DPSIR 模型的丹江口库区生态安全评估 [J]. 环境科学与技术，2012（增2）：340 - 343.

[200] 李橙，杨志新，刘树庆，等 . 河北省主产区葡萄品质综合评价方法的比较分析 [J]. 安徽农业科学，2011，39（17）：10229 - 10234.

[201] 耿雷华，黄永基，郦建强，等 . 西北内陆河流域水资源特点初析 [J]. 水科学进展，2002，13（4）：496 - 501.

[202] 刘涛 . 长江下游张南上浅区航道整治效果评价 [J]. 水利水运工程学报，2015（2）：91 - 99.